Bottle《ボトル》入門

はじめに

「Python」と言えば、AIや機械学習で多く用いられていますが、本書で解説するPythonフレームワーク「**Bottle**」は、「Webフレームワーク」です。

Webページを表示し、入力データなどの処理を行なう、「Webアプリケーション」を作ります。

＊

「Webブラウザ」や「Webサーバ」は、1990年くらいからある古典的なシステムです。

しかし、「SNS」「クラウド」「データサイエンス」「AI」などの、最近需要の多いシステムには、ほとんど「Webブラウザ」から操作する、管理画面や制御画面がついています。

もちろん、それを動かす「Webサーバ」も必要です。

ただし、最近は、「フレームワーク」や「Webサービス技術」などで、ソフトウェアの役割が柔軟に分担できるようになっていますから、常に「高機能なサーバ」や「華麗なWebインターフェイス」が必要になるとは限りません。

＊

一方で、手元の作業のために、「簡単な」Webアプリケーションシステムが、「すぐに」求められるときも少なくありません。

「簡単に書けるWebアプリケーション」と言えば、数分で最低限のデータベース操作ができるようになる、「**Ruby on Rails**」が有名です。

このフレームワークは、「合理的なフォルダの構造」「複数のファイルへの明確な役割分担」などの規則によって、「アプリケーション作成作業の自動化」を実現しました。

それに対して、本書で扱う「Python」の「Bottle」は、1枚の「ソース・ファイル」で1つの「Webアプリケーション」を作れます。

また、「フレームワークの記法」に従っていけば、「Python言語」そのものに対する、深い知識も必要ありません。

＊

本書では「Bottle」フレームワークを用いて、古典的ではありますが、用途がいちばん多いWebアプリケーションを作ります。

それは、「SQLデータベース」へのデータの「入力」「編集」「一覧表示」を行なうアプリケーションで、ゼロから省略することなく具体的な「コード・サンプル」をもって解説します。

「学習」「研究」「諸事の記録」などに、ローカルで動かして役に立てていただけるでしょう。

清水　美樹

Bottle《ボトル》入門

CONTENTS

付録PDFと「サンプル・ファイル」のダウンロード

本書の付録PDFとサンプル・ファイルは、下記のページからダウンロードできます。

＜工学社ホームページ＞

http://www.kohgakusha.co.jp/suppor_u.html

ダウンロードしたファイルを解凍するには、下記のパスワードを入力してください。

Q4jnuPtk

すべて「半角」で、「大文字」「小文字」を間違えないように入力してください。

第1章

「Python」「WSGI」そして「Bottle」

「Python」というと、昔から「科学技術的な計算が簡単にできる」との定評があり、AIプログラミングでよく用いられています。

それだけでなく、「Webアプリ」も「Python」で書けますし、その方法はやはり簡単なのです。

1-1 「Python」のWeb規格「WSGI」

「Python」は、「Webアプリケーション」の書き方が、ある程度決まっているのが大きな特徴です。

この規格は「WSGI」と呼ばれます。

■「Webアプリケーション」と言えば

みなさんは「Webアプリケーション」と言うと、どんな言語のどんなフレームワークを思い出しますか？

たとえば、以下のようなものでしょうか。

・Microsoftの「C#言語」と「ASP」
・Javaの「Spring Framework」
・200X年代を席巻した「Ruby on Rails」
・TypeScriptによる「Angular」

このように、いろいろな言語で「Webアプリケーション」のフレームワークが作られていることからも、「Webアプリケーション」がインターネット上のビジネスや諸活動に欠かせない「フロントエンド」(外部とのやり取り口)であることが分かります。

■「Python」をあえて選ぶ理由

このようにたくさんの「Webフレームワーク」がある中で、あえて「Python」を選ぶ大きな理由は、「AI」や「データ処理」などのPythonプログラムのための「フロントエンド」も、やはり「Python」で、それもなるべく簡単に作りたいからでしょう。

Pythonには「Django」(ジャンゴ、https://www.djangoproject.com/)のように、商用にも足る「表現力」と「機能」をもった「Webフレームワーク」もありますが、開発プロジェクトの中で簡単に「インターフェイス」を作るには、本書でご紹介する「Bottle」(ボトル)

のように簡単に書けるものがフットワークを発揮します。

■「Python」のWeb規格「WSGI」

「PythonのWebフレームワークは簡単」と言い切れる理由のひとつは、この言語全体に「Webアプリケーション」フレームワークの「規格」があるからです。

＊

Python言語で「Webフレームワーク」を書くために決まった書き方があります。
たとえば、以下のような書き方が共通です。

- ・RESTに関わるクラス名や関数名
- ・デコレータによる「Webアプリ」のルーティング
- ・テンプレートの記法

そのため、今回扱う「Bottle」で書き方を覚えれば、中規模のWebフレームワークである「**Flask**」(フラスコ、https://flask.palletsprojects.com/)や、上述の「**Django**」などの本格的なWebフレームワークを書くことになったとしても、ゼロから覚える必要がなく、フレームワークの違いによる混乱も起こりにくいのです。

他の言語でも、プロジェクト同士はある程度似通っていますが、「Python」でははっきりと規格が整えられています。
この規格名を、「**WSGI**」(**Web Server Gateway Interface**)と言います。
「WSGI準拠」であれば、信用もされますし、他のアプリケーションとも連携しやすいのです。

Column 「Bottle」から想像するのは

本書で扱う「Bottle」も、「WSGI準拠」のWebフレームワークです。

ところで、なぜ、こんな名前なのでしょうか。
実は、「WSGI」は、「ウィズギー」と発音するそうです(ちょっと無理がありますが…)。
それで、これは「筆者の想像」であり、「Bottle」の開発元では何も言っていませんが、「Bottle」は、「ウィスキーボトル」という連想ではないかと思うのです。
というのは、同じ「WSGI準拠」のプロジェクト名である「Flask」も、英語ではウィスキーを持ち歩く金属製の容器を指すからです。

図1-1では「Bottle」のロゴのほうがフラスコっぽく、「Flask」のロゴのほうはバイキングの角杯みたいですが、そんなふうに名前やロゴの由来を想像してみるのも楽しいものです。

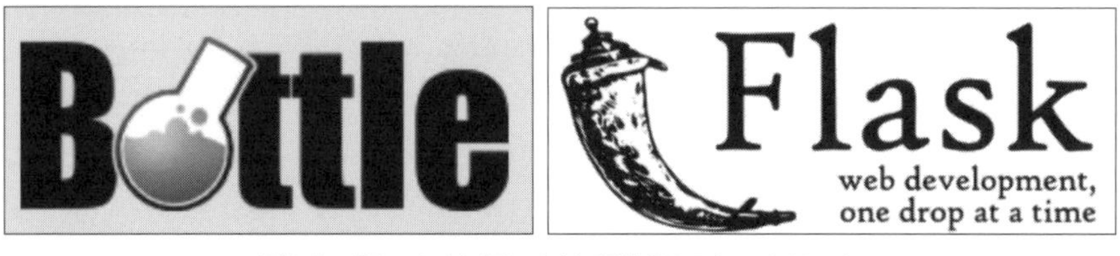

図1-1 「Bottle」も「Flask」も容器名のフレームワーク

1-2　ファイル一枚で「Webアプリ」が書ける「Bottle」

「WSGI準拠」の「Webフレームワーク」の中で本書が「Bottle」を選んだわけは、なんと、「ファイル一枚」で「Webアプリケーション」を動かせるからです。

次章でもっと詳しく内容を説明するので、まずはその「簡単さ」をご覧ください。

■「Webアプリケーション」を書く「一枚のファイル」

リスト1-1のファイル「hello.py」を考えます。

Python環境がすでにある人は書いてみてください。
(「Bottle」のインストールには、このあと**1-3**で紹介する「pipコマンド」を用いてください)
そうでない方でも、見るだけで理解できるほど簡単です。

リスト1-1　「Bottle」で書ける「Webアプリケーション」のファイル「hello.py」

```
from bottle import route, run

@route('/hello')
def index():
      return ('<h1> こんにちはボトルさん</h1>')

run(host='localhost', port=8782)
```

このファイル「hello.py」を、普通のPythonファイルと同様にpythonコマンドで実行するだけです。

＊

図1-2は、筆者が用いたコードエディタ「Visual Studio Code」で開いたターミナル上での動作の様子です。

Pythonの実行環境に含まれている「内部サーバ」が起動して、「監視状態」になります。

```
PS C:\Users\bottler\Documents\bottle> python hello.py
Bottle v0.12.19 server starting up (using WSGIRefServer())...
Listening on http://localhost:8782/
Hit Ctrl-C to quit.
```

図1-2　リスト1-1の「hello.py」をターミナルで実行した様子

この状態でブラウザを起動し、**リスト1-2**のアドレスを入力します。

リスト1-2　ブラウザで指定するアドレス

```
http://localhost:8782/hello
```

すると、図1-3のような表示が現われます。

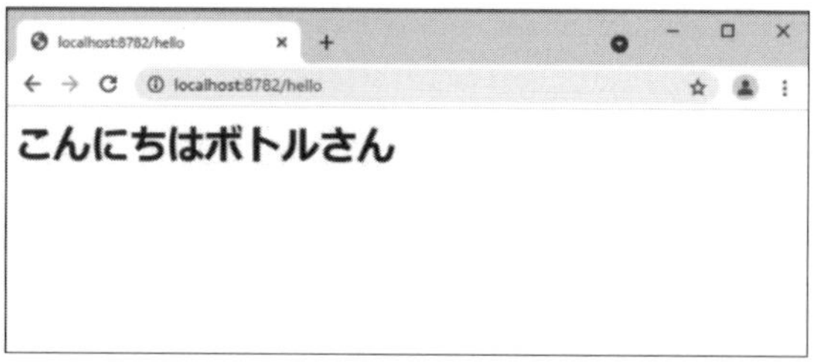

図1-3 ブラウザに表示が出た

このように、特別な「フォルダ」や「ファイル名」「設定ファイルの記述」などは何も要りません。

適当なフォルダに、適当な名前で「Pythonファイル」を置けば、そこが「Webアプリケーションフォルダ」になるのです。

＊

もちろん、簡単ということは機能も限られており、難しいことをしようとすれば簡単さというメリットがなくなります。

そこで、本書では、あまり壮大なアプリケーション構築は行なわず、この簡単さを活かした面白い使い方を考えていきます。

1-3 「Bottle」のセットアップ

「Bottle」を動作させるには、「Pythonの実行環境」「エディタ」「実行するターミナル」が必要です。

どれもソフトウェアは1種類とは限らず、自由に選んでいいのですが、本書執筆に用いている例を次に紹介します。

■「Bottle」の動作に必要なもの

Bottleが動作するのに必要なもの、およびそれぞれについて筆者が本書で用いているソフトウェアは、以下のとおりです。

(1) Pythonの実行環境

Pythonの開発元(https://www.python.org/)で提供しているソフトウェア

(2)エディタ

マイクロソフトがオープンソース公開している「Visual Studio Code」(https://code.visualstudio.com/)

(3)コマンドを打つ「ターミナル」

「Visual Studio Code」で表示できるターミナル画面

いずれも、本書の「付録」で、ダウンロードやインストールの方法、設定などを詳しく説明しています。

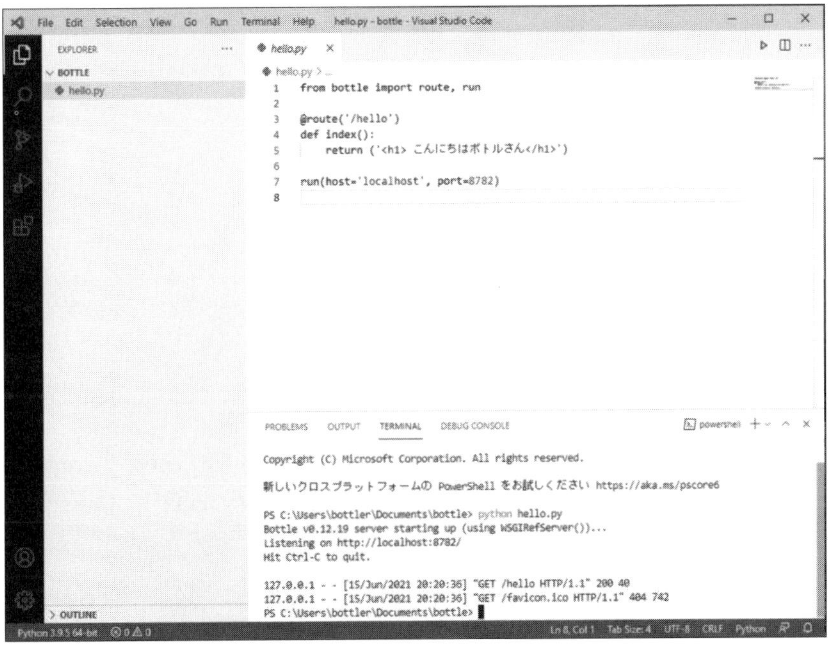

図1-4　本書で筆者が用いた「Visual Studio Code」(付録をご利用ください)

■「ターミナル」は「ファイル・エクスプローラ」から起動できる

「Visual Studio Code」のように「ターミナル」のウィンドウを表示できるエディタでなくても、「Windows10」からは、「ファイル・エクスプローラ」で目的のフォルダを開いてから、「ファイル」メニューで「ターミナルを開く」を選ぶと、「cd」コマンドでそのフォルダに移動しなくてもいいので、楽に実行に移れます。

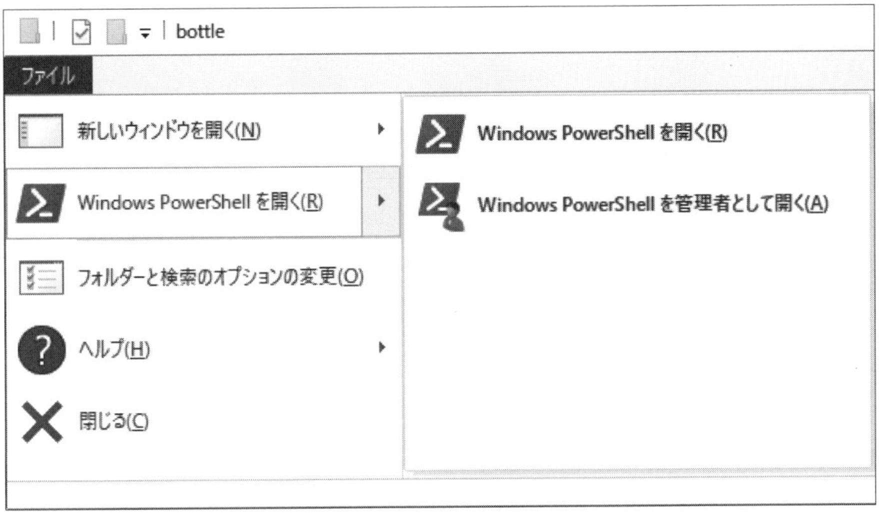

図1-5　「ファイル・エクスプローラ」からも、楽に「ターミナル」を起動できる

■「Bottle」のインストール

「Bottleをインストールするpipコマンド」について説明します。

＊

「Bottle」のライブラリは、標準のPythonの実行環境にはありませんが、「**PyPI**」という「パッケージ管理システム」を用いてインストールできます。

そのコマンドが、「**pip**」です。

＊

Pythonをインストールしたときに、付録の**図A-3**で示すように環境変数「PATH」にPythonの実行フォルダを登録しておけば、ターミナルのどこでもPythonコマンドを実行できます。

そこで、**リスト1-3**のように「pip installコマンド」を実行します。

リスト1-3　「pip install」コマンドでBottleをインストール

```
pip install bottle
```

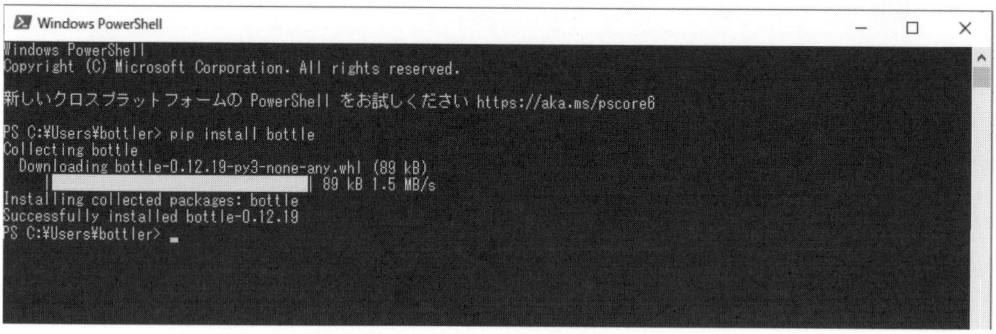

図1-6　「pipコマンド」でインストールした様子

＊

準備ができたら、次章では、「Bottle」の記法が実行結果とどのようにつながっているかを説明しましょう。

第2章

「Bottle」が動く仕組み

ファイル一枚で動く「Webアプリ」。
「ルーティング」「デコレータ」など、本章で実際にコードを書いて実行しながら、基本的な仕組みを解説します。

2-1　もっとも簡単な「プログラム」の仕組み

第1章でデモ的に紹介したプログラムをよく調べましょう。
ポイントは、「どのページを開くと」「何が表示されるか」です。

■どこにアクセスすると、何が表示されるのか

前章のリスト1-1で示した「hello.py」で、「どこにアクセスすると」「何が表示されるか」をそれぞれ示すのが、**図2-1**に記す部分です。

図2-1　「hello.py」のコード全体

---

(1)ホスト

「サーバが動作しているコンピュータ」を示します。
「'localhost'」は、「ブラウザで閲覧するコンピュータ」と「サーバが動作するコンピュータ」が同じ場合の名称です。

(2)ポート

この「Webアプリケーション」の「識別番号」のようなものです。

他のポートと競合しないように、番号は自分で決めます。

「Webアプリケーション」はだいたい「8000番台」が伝統ですが、最近はむしろ「8000番台」が混みすぎて、「5000番台」や「4000番台」のアプリケーションもあります。

なお、世の中で実稼働中の「Webアプリケーション」では、セキュリティ上、「ホスト」も別名、「ポート」も隠してありますが、本書では「開発環境」として、直接、「ホスト名」や「ポート名」を用います。

(3)ページ

この「ファイル名」は「hello.py」ですが、ブラウザで指定するのは「ファイル名」ではありません。

図2-1に示した、この場所に書かれた名前、「'/hello'」で関数を呼び出します。

(4)表示内容

「HTML文」をそのまま「文字列」にして書きます。

これで、アドレスと表示内容を変更したい場合は、(3)と(4)を別の文字列にすればいいことが分かりました。

では、文法的にはどうなっているのかを説明していきましょう。

■「route」と「run」

「hello.py」のコードは、「ライブラリのインポート」から始まります。

＊

Pythonでは、目的別に、「クラス」や「関数」などを、「**モジュール**」という単位にまとめます。

「hello.py」の最初に書かれている**図2-2**では、「bottle」という「モジュール」に定義されている、「route」というデコレータと、「run」という関数を呼び出しています。

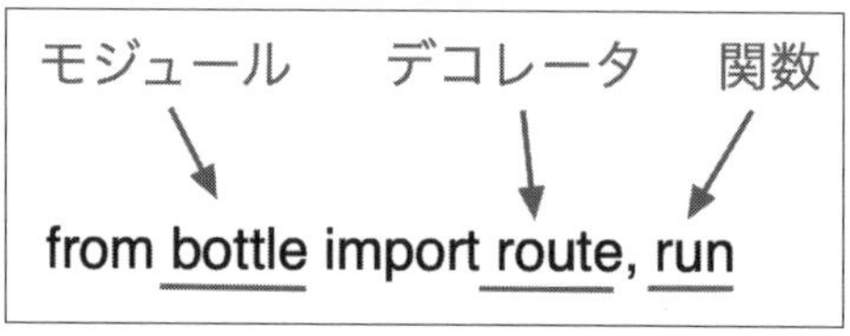

図2-2　デコレータ「route」と関数「run」をインポート

Tips　「インポート」とは

「インポート」とは、「関数」や「クラス」などの「名前」を、「Pythonの実行プログラム」に指示する記法です。

＊

図2-2のように書いておけば、この「スクリプト・ファイル」を実行したとき、インストールした「Bottle」の「ライブラリ・ファイル」の中から、「bottle.py」が探され、そこに定義してある関数、「route」と「run」の内容が実行されます。

■デコレータ「route」

Pythonでは、「メソッド」は、「クラス」や「オブジェクト」が呼び出す「関数」で、「関数」は呼び出し手がいないものです。

＊

似た形式のものに「**デコレータ**」があります。

これは「関数」や「メソッド」に「機能」を付加するもので、「関数の定義」をまるごと「引数」に取るようなもの、と考えてもかまいません。

いずれにしろ、「記法」を覚えてしまえば「構造的な意味」は気にならなくなるでしょう。

＊

デコレータ「route」を使うときは、**図2-3**のように「@」という記号を頭に置きます。

そして、カッコの中に引数を置き、関数の定義はすぐ下にそのまま書きます。

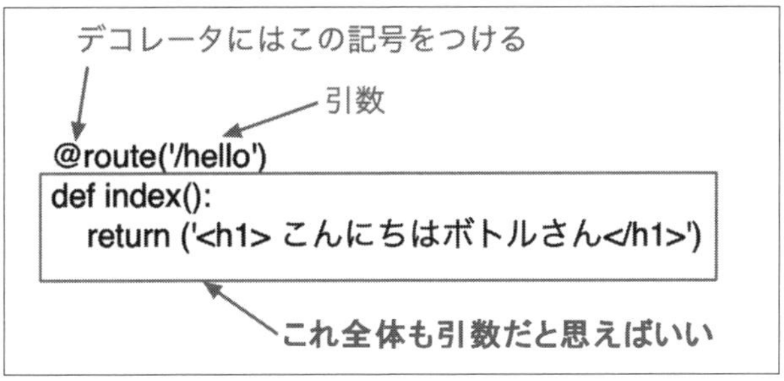

図2-3　デコレータ「route」の書き方

■関数「index」とデコレータ「route」

関数名「index」はここで任意につけた名前で、他の名前でもかまいません。

この関数はただ「HTML形式の文字列」を戻すだけです。

しかし、デコレータ「route」と組み合わせることによって、「'/hello'というページが呼ばれたときに、ブラウザに表示するHTML文を戻す」という関数になるのです。

どうしてそうなるかは、ライブラリ「bottle.py」に書いてあるデコレータ「route」の定義にしっかり書いてあるので、我々は気にする必要がありません。

＊

その代わり、「**ルーティング**」の考え方を押さえておきたいと思います。

「ルーティング」という言葉は、あるものを他のものへと導く働き一般で使われますが、「bottle」をはじめとした「WSGI」における「ルーティング」は、“「ページのアドレス」を「呼び出す関数」へ導くこと”です。

■関数「run」

関数「run」は、**図2-1**にすでに示した通り、引数に「ホスト名」と「ポート番号」をとります。

「引数名のある引数」とない引数

「Pythonプログラミング」に習熟している方には言うまでもないことですが、Pythonの「関数」や「メソッド」の「引数」には、「引数名」がついているものと、そうでないものがあります。

検討している**リスト1-1**で、関数「run」の引数は、「port」「host」のように「引数名」をとります。
そのため、「引数」の「順番」が変わっても、「引数名」で値を識別できます。

これに対して、「引数名のない引数」は、「与える順番」によって識別されます。

関数「run」は、「起動してしまったら、もうそれ以上の情報をファイルから読み込まない」ので、「ファイルの最後」に書きます。

■「サーバ」を起動したまま、変更できるようにする

関数「run」には他にも、詳細な設定のための引数がありますが、その一つとして、引数「reloader」があります。

値を「True」にすると、ファイルを変更するたびに毎回サーバがプログラムを再読み込みして、サーバを終了し、ファイルを再実行させなくても、「変更がブラウザに反映される」わけです。

＊

一度、サーバを終了させてください。
関数「run」を、**リスト2-1**のように変更します。

リスト2-1　関数「run」の引数「reloader」を「True」にする

```
run(host='localhost', port=8782, reloader=True)
```

ファイル「hello.py」を保存して実行します。
このあとは、しばらくサーバを起動したまま編集できますが、サーバの負担は大きくなります。

＊

「ファイルの修正」を反映させる際に、多くの場合はブラウザの「再読み込み」ボタンが

有効ですが、再読み込みが遅い場合は、ブラウザの「読み込み中止」ボタンを一度押してから、「再読み込み」ボタンを、再度押してみてください。

また、正確に書いているはずなのにブラウザの表示がおかしいときは、「サーバ」をいったん終了し、ファイルを再実行してください。

*

以上で基本的なコードの仕組みが理解できたと思います。
でも、これはほんの基本です。
これから少しずつ機能を増やしながら、仕組みの理解も深めていきましょう。

2-2　ページを増やす

同じ「Webアプリケーション」に「別のページ」を作り、「表示機能」と「表示のための記法」を増やしていきます。
その方法は、「デコレータによるルーティングと関数」です。

■ページ「'/hello/you'」を作成

最初のページ「http://localhost:8782/hello」の「サブドメイン」のような位置に、ページを一つ作ってみましょう。

手　順　ページを作る

[1] デコレータ「route」の付いた関数「yourname」を、**リスト2－2**のように定義します。
記入場所は、“「hello.py」の関数「index」の定義の後”、“関数「run」の実行の前”です。

リスト2-2　デコレータ付きの関数をもう一つ

```
#すでに書いた関数indexの定義

@route('/hello/you')
def yourname():
      return ('Your name is : ')

#すでに書いた関数runの実行
```

このコードは、まだ目的に至っていませんが、表示はできます。

[2] そこで、ブラウザで**リスト2-3**のアドレスを呼び出すと、「Your name is:」という文字が、標準のフォントで表示されます。

リスト2-3　ブラウザで呼び出すアドレス

```
http://localhost:8782/hello/you
```

[3] **リスト2-3**のアドレスによって、関数「yourname」が呼び出され、戻り値である「文字列」が表示されます。

■「動的なページ」に「ルーティング」を利用

「動的なページ」と言うと、思い出すのは「クエリ・パラメータ」を用いる方法です。

アドレスに「?name=Shimizu&age=58」などとパラメータをつけるのですが、自分でそれを書くのは現実的ではありません。

＊

「Bottle」では、代わりに、「ルーティング」の仕組みを利用します。

リスト2-2の関数「yourname」に、記述を加えて、**リスト2-4**のように完成させましょう。

リスト2-4　関数「yourname」を完成

```
@route('/hello/you/<name>')
def yourname(name):
      return ('Your name is :<b>%s</b>'%name)
```

リスト2-4では、まず関数「yourname」の引数「name」を見てください。

これが、「戻り値」となる文字列中に「埋め込み」されます。

これはPythonの標準の記法です。

＊

その引数「name」は、「デコレータ」の引数にも、「<>」の中に入れて置かれています。

そこで「name」に、たとえば「文字列'Shimizu'」を入れると、以下のようになります。

```
アドレス: '/hello/you/Shimizu'
関数yournameの戻り値: 'Your name is: <b>Shimizu</b>'
```

引数「name」で「アドレス」と「ページの表示内容」を変更する仕組みを、**図2-4**で示します。

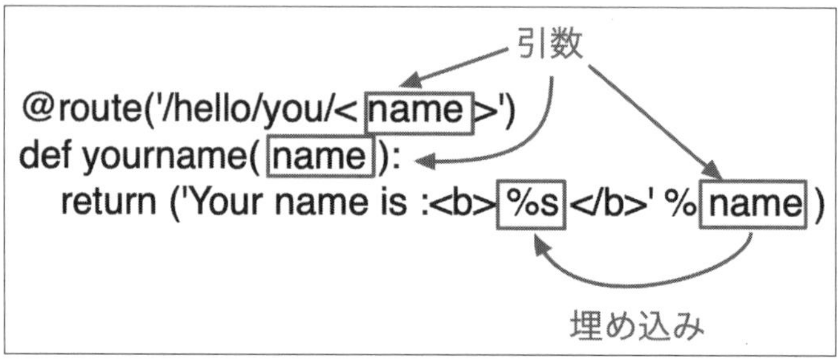

図2-4　引数「name」で、「アドレス」と「表示内容」を変えることができる

「サーバ」を起動して、「ブラウザ」で**リスト2-5**の「アドレス」を呼び出すと、**図2-5**の表示が得られます。

リスト2-5　関数「yourname」のために「ブラウザ」で呼び出す「アドレス」

```
http://localhost:8782/hello/you/Shimizu
```

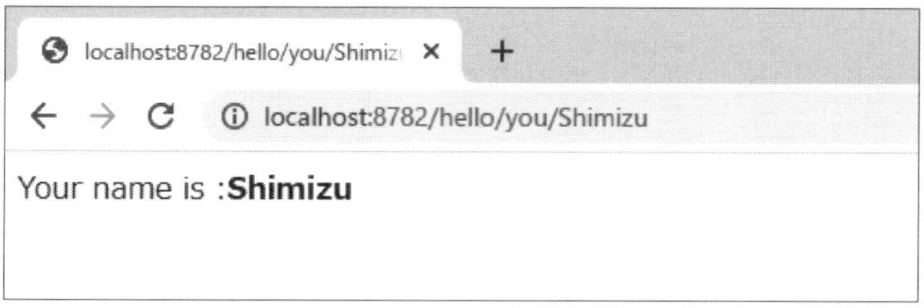

図2-5　「アドレス」と「表示内容」の関係

サーバは起動したまま、「Shimizu」を他の文字列に変更すると、「表示内容」も変わります。

＊

図2-6は「Shimizu」の代わりに「Numazu」をアドレスにして呼び出した結果です。

「アドレス」に「日本語」を直接指定すると、引数に正しく文字が渡されない恐れがあるので、今は「英数字」だけを使って試してください。

図2-6　アドレスの最後を「Shimizu」から「Numazu」に変えた

以上のように、「Bottle」などの「WSGI規格」による「Webアプリケーション」でページを増やすには、「デコレータ」でルーティングをしながら関数を増やします。

2-3　「ルーティング」のない関数

「Bottle」のファイルも「Pythonスクリプト」ですから、“デコレータ「route」によるルーティングのついた関数”だけではなく、「普通の関数」を定義して、「ルーティングのある関数」から利用できます。

■「route」はWSGIの基本

これまで関数「index」と関数「yourname」を書いてきました。

これらはデコレータ「route」によってルーティングされているので、「WSGI」では関数自体を「route」という単位で呼びます。

しかし、これをカタカナで「ルート」と呼ぶと意味が紛らわしくなるので、長いですが「ルーティングのある関数」と呼んで、「ルーティングのない普通の関数」と区別することにします。

■ルーティングのない普通の関数

「hello.py」にページをもう一つ作りましょう。

関数「yourname」で行なったように、「アドレスに文字列を加えて引数とする」のではなく、「識別番号を加えて、Pythonコード中でその番号を利用し、自由な文字列を表示させる」ようにします。

これが、**リスト2-6**の関数「get_product」です。

引数「id」をとります。
デコレータ「route」によるルーティングがない、「普通の関数」です。

とはいえ、この関数も、関数「run」の前に書くことは変わりません。

リスト2-6　ルーティングのない普通の関数「get_product」

```
def get_product(id):
      products =['デスクトップ','ノート', 'タブレット','スマートフォン']
      return products[id]
```

■ルーティングのある関数から呼び出す

次に、ルーティングのある関数「show_product」を作り、ここから**リスト2-6**の関数「get_product」を呼びます。

リスト2-7　ルーティングのある関数「show_product」

```
@route('/hello/show/<id>')
def show_product(id):
      true_id = int(id) #整数に変換
      return ('<b>%s</b>をお探しですか'%get_product(true_id))
```

＊

リスト2-7では、一つ気をつけるべき点があります。

アドレスに与える変数「id」は、「数字」を入力しても「文字列」として関数に与えられます。

ですから、**リスト2-6**の関数「get_product」に「引数」として与える前に、「整数」に変換しなければなりません。

＊

では、ブラウザで**リスト2-8**のアドレスを呼び出してみましょう。

リスト2-8　「アドレスの最後」を「数字3」にする

```
http://localhost:8782/hello/show/3
```

図2-7　リスト2-8のアドレスで表示されるページ

＊

本章で学ぶのは、ここまでです。

いくつかのページを作りましたが、それぞれに「アドレス」を直接記入して開かないといけません。

そこで、「最初のページ」から「他のページ」にリンクできるようにしておきましょう。

ただし、「動的ルーティング」を行なうページでは、「リンク・アドレス」の例を2つ記述しておくことにします。

手　順　他のページへのリンクを作る

[1] 「hello.py」のインポート文のすぐ後に、**リスト2-9**のような変数「PAGES」を作ります。

Pythonには「定数」という規則はありませんが、「変数名」を「大文字」にしておくと、読む人にもだいたい「定数」扱いだな、と分かります。

リスト2-9　定数扱いの変数「PAGES」

```
#インポート文の後

PAGES = """
<h2>サンプルページリスト</h2>
<ul>
      <li><a href='/hello/you/Shimizu'>Shimizuさん</a></li>
      <li><a href='/hello/you/Numazu'>Numazuさん</a></li>
      <li><a href='/hello/show/1'>商品1</a></li>
      <li><a href='/hello/show/3'>商品3</a></li>
</ul>
"""

#関数indexの前
```

[2] **リスト2-9**のすぐ下に関数「index」があるはずです。

これを**リスト2-10**のように修正します。

リスト2-10　関数「index」を編集

```
#インポート文の後
@route('/hello')
def index():
    return ('<h1> こんにちはボトルさん</h1>'+PAGES) #ここを修正
```

[3] リスト2-9およびリスト2-10の修正によって、最初のページ(http://localhost:8782/hello)を開くと、そこから他のページに行けるようになります。

次章からは、テンプレートを用いてページを見やすくしますが、今回は戻るためにブラウザの「戻る」ボタンを使ってください。

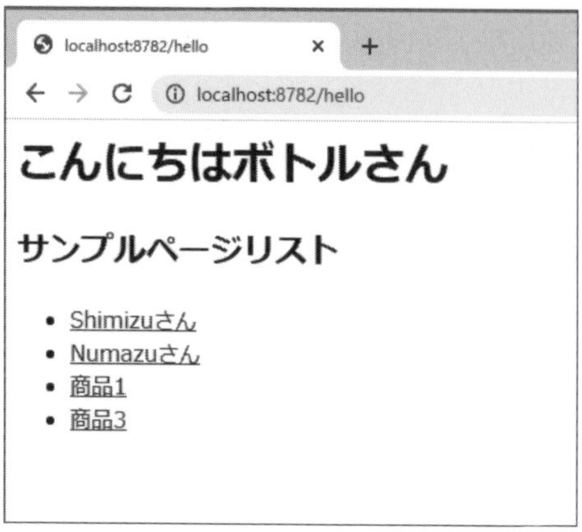

図2-8 「他のページ」へリンクできるようになった

ここで、一度サーバを終了させてください。
次章からは、新しいファイルに書いていきましょう。

2-4 オブジェクト指向的な記法

本章の最後に、「Bottle」による「Webアプリケーション」を、「オブジェクト指向で記述する」方法を紹介します。

他の教本などではこの記法を標準的に用いている場合もあります。

■どこが「オブジェクト指向」になるのか

Pythonでは、**(A)「関数的」な書き方**と**(B)「オブジェクト指向」での書き方**――が並列で用意されていることが少なくありません。
「Bottle」のコードも、その一つです。

これまで書いてきた「Bottle」のコードを眺めると、「オブジェクト」を作る記述がなく、ルーティングのある「関数」でページを表示させてきました。

これに対して、「オブジェクト指向」での書き方が用意されています。

と言っても、ページを記述するために定義してきた「index」などの関数は、相変わらず関数です。
ルーティングを行なう「デコレータ」が、「オブジェクト指向」になるのです。

■「Bottleクラス」のオブジェクト

「オブジェクト指向」で「Bottle」のアプリケーションを書くには、「Bottleクラス」が必要です。

これはインポートします。

したがって、インポートの記述は**リスト2-11**のようになります。

リスト2-11　「Bottleクラス」もインポート。このとき「route」が要らなくなる

```
from bottle import Bottle, run
```

リスト2-11のタイトルにすでに示しましたが、「Bottle」をインポートすることによって、「route」のインポートが不要になります。

デコレータ「route」は「Bottle」のオブジェクトに属するようになるからです。

具体的なコードは、このあと示します。

*

リスト2-12のように「Bottleクラス」のオブジェクトを作ります。

このオブジェクトは「このアプリケーション」を表わすオブジェクトで、多くは変数名を「app」とします。

リスト2-12　「Bottleクラス」のオブジェクト

```
app = Bottle()
```

■「オブジェクト指向」のデコレータ

関数についているデコレータが、オブジェクト「app」から呼び出されます。

リスト2-13は、**リスト1-1**から扱ってきている関数「index」を、**リスト2-12**の「app」を用いて書き直したものです。

これによって、**リスト2-11**で、「route」のインポートが不要になったのです。

リスト2-13　リスト2-9を用いてデコレータを書き直す

```
@app.route('/hello')
def index(): #これは相変わらず関数
        #内容も同じ
```

■関数「run」と「Bottleオブジェクト」

サーバを起動する関数「run」も関数のままですが、最初に渡す引数として、このオブジェクト「app」を渡します。

リスト2-14　リスト2-10を用いて関数「run」を書き直す

```
run(app, host='localhost', port=8782, reloader=True)
```

■オブジェクト指向版「helloapp.py」

そこで、「Bottleオブジェクト」の「app」を用いて、「hello.py」と同じ動作をする「helloapp.py」を作ってみましょう。

以下の手順で行ないます。

手順 「hello.py」と同じ動作をする「helloapp.py」

[1] ファイル「hello.py」を同じ場所に複製し、名前を「helloapp.py」にする。

[2] 「hellpapp.py」を開いて、インポート文を**リスト2-11**のように修正する。

[3] インポート文と関数「index」の定義の間に、**リスト2-12**を記入する。

[4] URL中の「'hello'」の記述を全て 'helloapp' に置換。
文字列「PAGES」の値も同様。

[5] デコレータ「route」をすべて「app.route」に変換

[6] 関数「run」を**リスト2-14**のように修正

「hello.py」で起動したサーバはすでに終了しましたね。

では、「helloapp.py」を実行します。
ブラウザで**リスト2-15**のアドレスを呼び出してください。
「hello.py」の内容とまったく同じ表示になるでしょう。

リスト2-15 「helloapp.py」で起動したアプリケーションを呼び出す

```
http://localhost:8782/helloapp
```

では、このサーバも終了させて、次章に進むことにしましょう。

第3章

テンプレート

「Bottle」の魅力は、「小さなファイルで、今必要な最小限の仕事ができる」ことではありますが、「データを分かりやすく表示」するには外観もある程度は必要です。

「テンプレート」を用いて、データの表示に自由度を与えましょう。

3-1 「テンプレート」で変数の値を表示

「テンプレート」を用いると、変数の値の表示方法が便利になります。
簡単な例から作っていきましょう。

■「テンプレート」とは

「テンプレート」とは、「HTML文」の中に「変数」や「式」など「プログラム部分」で書いた内容を、「動的に表示」させるため、「文字列」中に特有の記号を埋め込んだものです。

第2章で「Python標準の埋め込み記法」を用いましたが、「%記号」の用い方がやや面倒なので、「WSGI」で共通のテンプレート記法が決められています。

■新しいファイル「tplt.py」

新しいファイル「tplt.py」を作り、**リスト3-1**のように書きます。

リスト3-1 「tplp.py」の最初の記述

```
from bottle import route, run, template
from datetime import date #普通のPythonライブラリ

#まだトップページ的なものは書いていない

@route('/tplt/today')
def showtoday():
    return template('今日の日付：<b>{{today}}</b>',
        today = date.today())


run(host='localhost', port=8782, reloader=True)
```

リスト3-1で新しいのは、以下の箇所です。

---

(1)「インポート」に、関数「**template**」が加わっている。

(2) 関数「showtoday」の「戻り値」が、「直接の文字列」ではなく、関数「template」の「戻り値」になっている。

リスト3-1には、Pythonでよく使われるライブラリである、「datetime」の中の「date.today()」が用いられていますが、これはPython一般の話なので、詳しい説明は省略します。

■関数「template」の仕組み

関数「templete」は、単純に「文字列」を「戻り値」として返すのではなく、繰り返しを行なう「イテレータ」や、その場で関数を作って実行する「ジェネレータ」に似た働きをするもので、「Bottle」の中では、「**ヘルパー**」と呼ばれます。

*

ですが、あまり難しいことは気にしないで、関数「template」の「引数」に何を入れるか、押さえておきましょう。

*

図3-1は、**リスト3-1**の関数「showtoday」の「return文」だけを抜き出したものです。

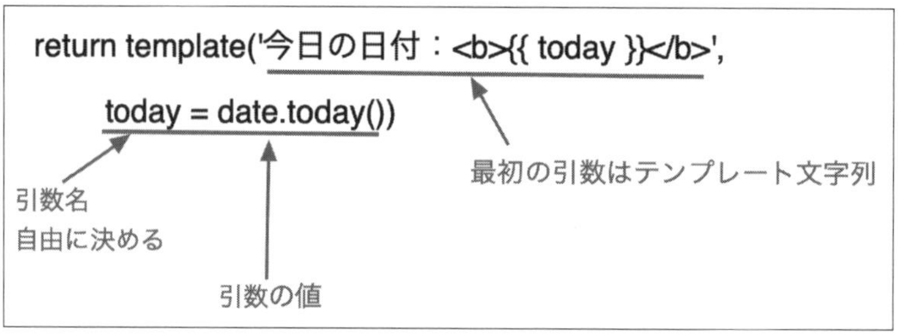

図3-1　関数「showtoday」の「return文」

図3-1のように、関数「template」には、以下のような規則で「引数」が入っています。

---

(1)最初の引数は「テンプレート文字列」

関数「template」の最初の引数は、テンプレートとなる文字列、つまりWebページに表示させる「HTML文字列」です。

(2)そのほかの引数には、引数名をつけて埋め込む内容を渡す

2番目以降の引数は、自由に引数名をつけて、埋め込む内容を渡します。

図3-1では、以下の形で引数が渡されています。

自分で決めた引数名:today

引数の値:「今日の日付」を取得するPythonコードの結果となる文字列

図3-1に示したコードの箇所とまったく同じ箇所について、**図3-2**に説明を追加します。

図3-2では、「テンプレート文字列」の中に、引数名「today」が二重の波括弧{{　}}に囲まれて置かれているのを示しています。

ここに、引数の値である「今日の日付」を表わす文字列が埋め込まれるわけです。

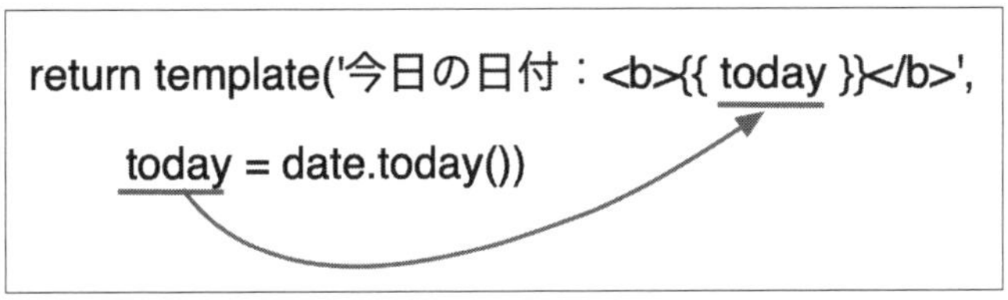

図3-2　名前をつけた引数の値を「テンプレート文字列」に埋め込む

＊

では、ファイル「tplt.py」を実行します。

サーバが起動したら、**リスト3-2**のアドレスで関数「today」を呼び出してみましょう。

リスト3-2 関数「today」を呼び出すアドレス

```
http://localhost:8782/tplt/today
```

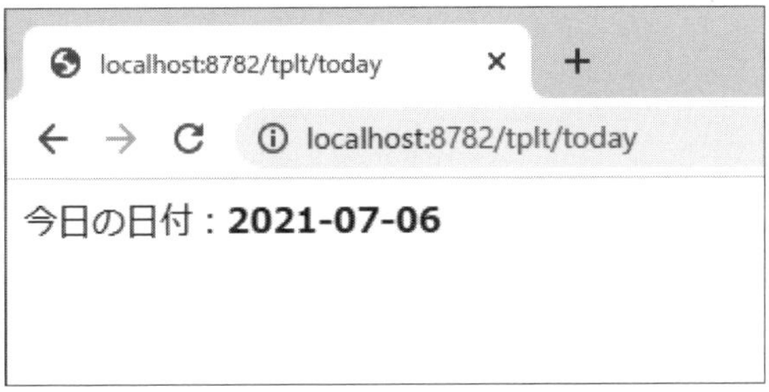

図3-3　関数「today」で表示される内容

■長い「テンプレート文字列」を変数に渡す

前章のリスト2-8で、長い文字列を別に作って変数に渡したように、テンプレートにする「HTML文」も一度、変数に文字列として渡しておくことができます。

「tplt.py」にルーティング付きの関数「calc」を追加しましょう。

手　順　長い「テンプレート文字列」を変数に渡す①

[1] まず、**リスト3-3**のように定義しておきます。

アドレスに入れた文字「a」が引数に渡されるようにしています。

このあと、関数名「calc」からも明らかなように、「a」の値で計算するので、忘れずに整数に変換しておきます。

なお、この関数は練習用なので、実際に用いるときは気をつけて数値だけを渡すようにしましょう。

リスト3-3 「ルーティング付き」の関数「calc」を追加

```
@route('/tplt/calc/<a>')
def calc(a):
    a = int(a) #整数にする
    #あとはこれから書く
```

[2] 関数「calc」の定義の中に**リスト3-4**のような変数「calctp」を定義します。

この文字列はほかのページには関係ない内容なので、定数らしく見せる必要もありませんから、小文字の変数名にしておきましょう。

なお、**リスト3-3**は関数の定義の中に書くので、忘れないように4字分のインデントを置いてあります。

リスト3-4 関数「calc」の中に定義する変数「calctp」

```
    calctp = """
           <p>{{a}}の2乗は{{sq_a}}</p>
           <p>2の{{a}}乗は{{pw_a}}</p>
           """
```

変数「calctp」に渡されたのは「テンプレート文字列」で、2重の波括弧{{　}}の中に埋め込まれた変数は、{{a}}、{{sq_a}}、{{pw_a}}の3つです。

この渡し方を次項で理解し、関数「calc」を完成させましょう。

■「埋め込む値」を複数渡す

手　順　長い「テンプレート文字列」を変数に渡す②

[1] リスト3-4に続けて、リスト3-5のような「return文」を書きます。

関数「template」の最初の引数が、テンプレート文字列「calctp」です。

そして、2番目以降の引数は可変長なので、**リスト3-4**のテンプレート文字列「calctp」に埋め込んだ変数名を引数名として、続けて記述します。

リスト3-5 関数「calc」の「return文」

```
    return template(calctp, a = a,
       sq_a = a*a, pw_a = 2**a )
```

[2] リスト3-3の「あとはこれから書く」としたところに、リスト3-4とリスト3-5をそれぞれこの順に書いて、ファイル「tplt.py」を保存します。

もし、サーバが起動していなければ、「tplt.py」を実行します。
もちろん、リフレッシュの意味で、いったん停止してから再実行してもかまいません。

[3] ブラウザなどでリスト3-6のアドレスを呼び出します。
図3-4のように表示されることを確認してください。

リスト3-6　関数「calc」を試すアドレスの例

```
http://localhost:8782/tplt/calc/7
```

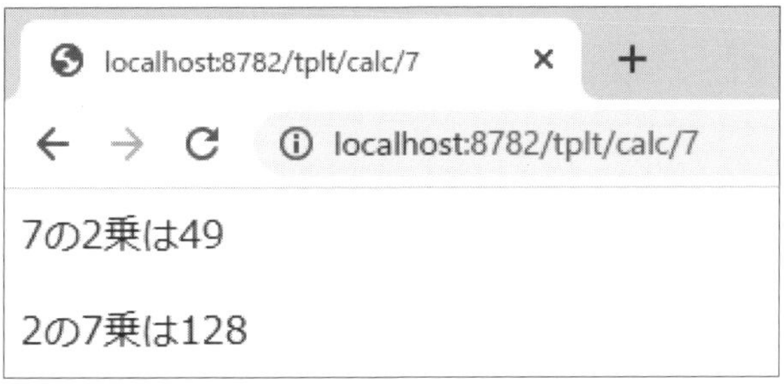

図3-4　リスト3-6のアドレスで開いたページ

■「テンプレート・ファイル」を読み込むこともできる

もっと長いHTML文を書きたい場合は、別ファイルに書いて読み込むこともできます。

しかし、「Bottle」の良さは、ページが複数あるアプリケーションを「一つのファイル」で書けるところです。
よって、本書では「テンプレート・ファイル」に書くことはしません。

3-2 「Pythonコード」を埋め込む

テンプレートには、「Pythonコード」を埋め込むことができます。

「埋め込むコード」と「埋め込まないコード」の区別は、**テンプレートに書くのはHTMLを出すコード**と割り切ればいいでしょう。

■繰り返し文

「HTML文」の中で「繰り返して書く形式」と言えば、箇条書きの「<ul><li>...</li></ul>」や、テーブルセルの「<tr><td>...</td></tr>」などがあります。

これらを、Pythonの「for文」で書いて、テンプレートに埋め込むことができます。

さっそく例文を書いてみましょう。

手 順 繰り返し文を書く

[1] リスト3-7のようなルーティング付きの関数「showcolors」に、まず文字列のリスト「colors」を定義します。

リスト3-7 関数「showcolors」の最初の定義

```
@route('/tplt/colors')
def showcolors():
      colors =['赤','黄','青','緑','白','黒','茶' ]
      #これからテンプレート文字列contentを定義
```

[2] リスト3-7で予告した場所に、**リスト3-8**のようにテンプレート文字列「content」を定義します。

リスト3-8 テンプレート文字列「content」

```
    content = """
          <p>カラーリスト</p>
          <ul>
                 %for color in colors :
                        <li>{{color}}</li>
                 %end
          </ul>
          おすすめの色は{{thiscolor}}
          """
```

＊

リスト3-8の、「<ul>....</ul>」のタグの間を見てください。

「Pythonコード」らしいものが書いてありますが、純正の「Pythonコード」とは、以下のような違いがあります。

・行頭に「%」がついている。

・for文の終わりには「%end」をつける。
（HTMLはPythonのインデントの書式を適用できないため）

・「Pythonコード」の行の中では、変数に{{ }}をつけない。

図に示すと、**図3-5**のとおりです。

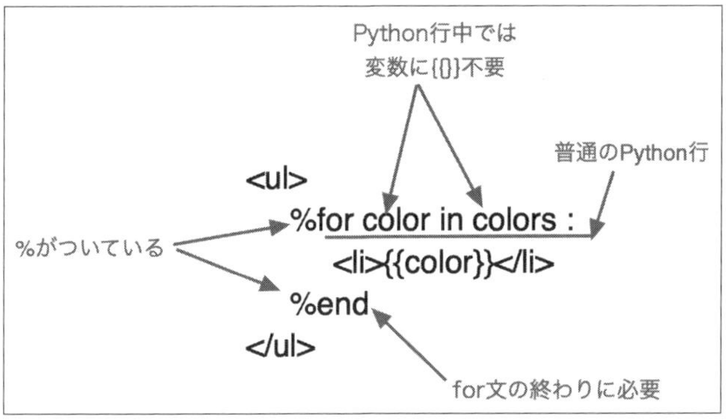

図3-5　HTML文の中に埋め込むPythonの「for文」の書き方

＊

一方、「for文」の中に「HTML文」を書く方法は、以下の通りです。

・「for文」の中にHTML文を直接書きさえすれば、その文が繰り返して出力される

・「for文」の中であっても、HTML文の中では、変数は{{ }}で囲む

図3-5に示したHTML文の箇所とまったく同じ箇所について、**図3-6**に上記の説明を示します。

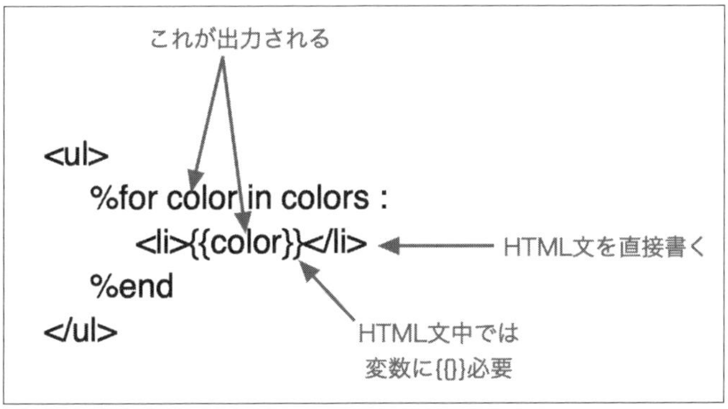

図3-6　Pythonの「for文」の中に書くHTML文

このように、HTML文自体を繰り返すときは、「テンプレート文字列」に「Pythonコード」を埋め込むと便利です。

■HTMLに関係ない処理は埋め込まない

一方、リスト3-8に埋め込まれた変数「thecolor」のほうは、Pythonプログラムの中で処理して、結果だけを埋め込むことにします。

手　順　変数「thecolor」の結果だけを埋め込む

[1] まず、「tplt.py」の最初の「インポート文」に、リスト3-9を記述します。

リスト3-9　「tplt.py」の最初に「インポート文」を追加

```
import random
```

「random」は、その名の通り、「乱数」を扱うPythonの「標準ライブラリ」です。
これを、関数「showcolors」の定義の中で用います。

[2] リスト3-8の変数「content」の定義を書いたあとに、リスト3-10の「return文」を書きます。

リスト3-10　関数「showcolors」の「return文」

```
    return template(content, colors = colors,
             thiscolor = random.choice(colors))
```

[3] リスト3-10での変数の受け渡しは複雑です。
図3-7に示すように、テンプレート文字列「content」と、その「content」の中に埋め込む変数「colors」がどのように受け渡されているのかをご覧ください。

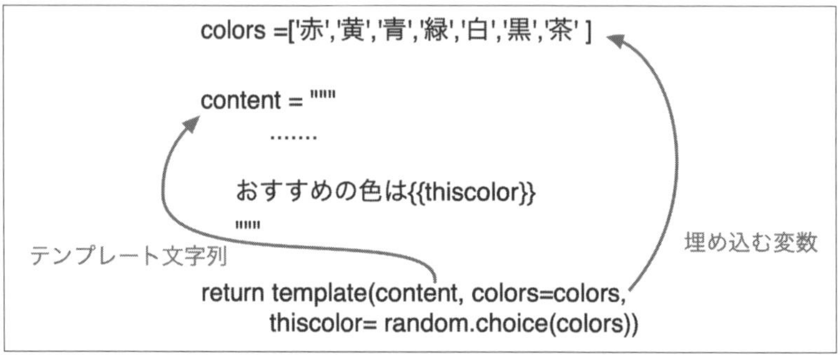

図3-7　「return文」における変数の受け渡し(その1)

[4] 次に、テンプレートに埋め込まれている変数「thiscolor」がどのように与えられるかを示します。

図3-8は、図3-7で示したコードの箇所とまったく同じ箇所ですが、Pythonの関数「random.choice」を用いています。
これは、「リストから乱数的に要素を1個取り出す」という便利な関数です。

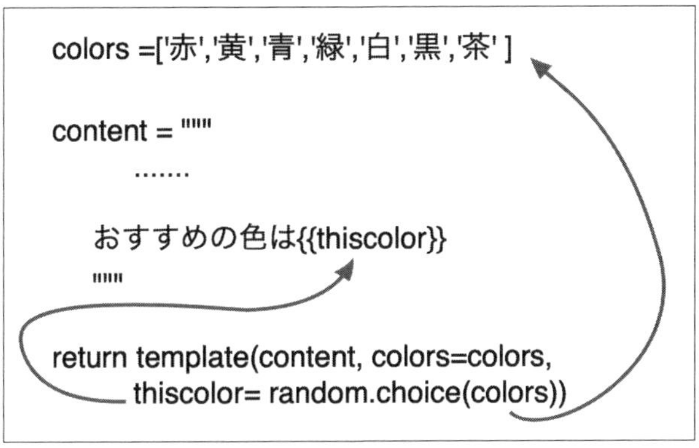

図3-8 「reutrn文」における変数の受け渡し(その2)

＊

では、ブラウザで**リスト3-11**のアドレスを呼び出してみましょう。

リスト3-11 関数「showcolors」を呼び出すアドレス

```
http://localhost:8782/tplt/colors
```

ブラウザに**図3-9**のように表示される中で、最後の「おすすめの色」は、ページを読み込むたびに乱数的に変化します。

図3-9 繰り返しのある「HTML文」などが表示された

■テンプレート内に無理にコードを書くこともできるが…

前項のタイトルは「HTML文に関係ない処理は埋め込まない」でしたが、無理に埋め込もうと思えば埋め込めます。

関数「showcolors」の下に、**リスト3-12**のような関数「showmore」を定義してみましょう。

リスト3-12　関数「showmore」

```
@route('/tplt/morecolors')
def showmore():
      content = """
      %import random
      %more = ['橙', '灰', '紫', '金', '銀']
      おすすめの色は{{random.choice(more)}}
      """
      return template(content) #名前のある引数不要
```

関数「showmore」では、関数「template」の引数はテンプレート文字列「content」だけで、「名前のある引数」は不要になります。

そういう意味では、便利かもしれません。

＊

一方、「content」の内容は**図3-10**に示す通りです。

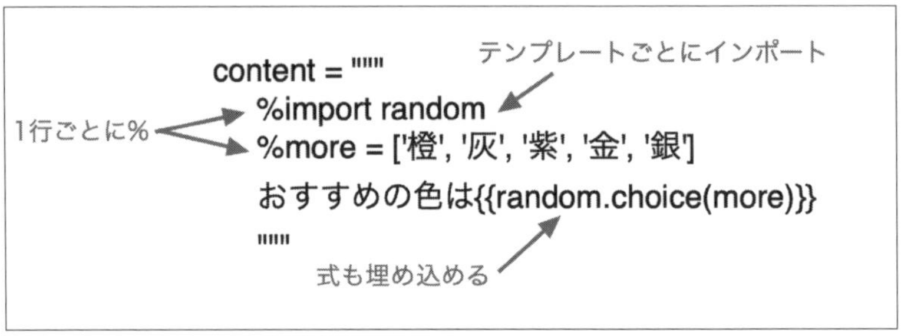

図3-10　「Pythonコード」を多数埋め込んだ「テンプレート文字列」

図3-10から伺える特徴は、以下のとおりです。

- **コードは一行ごとに行頭に「%」をつける。**
- **インポートの必要があるものは、テンプレートごとに新たに記述が必要。**
- **{{　}}で囲んだ中には、変数名だけでなく、式も埋め込める。**

関数「showmore」を呼び出すアドレスは、**リスト3-13**の通りです。

リスト3-13　関数「showmore」を呼び出すアドレス

```
http://localhost:8782/tplt/morecolors
```

ブラウザのスクリーンショットは省略しますが、普通の大きさの文字で「おすすめの色は金」など、色の部分が乱数的に表示されます。

＊

このように、「テンプレート文字列」の中に「Pythonコード」を全部埋め込むと、「HTML文」の中に記号が多くなり、「表示部分」と「データ処理の部分」の表記が混在してしまいます。

ですから、「テンプレート文字列」の中には、なるべくHTML表記に関係ある「Pythonコード」だけを書くのが適切です。

■「if文」を埋め込むテンプレート

「if文」を用いて、条件に応じた表示をさせることを考えましょう。

＊

「動的ルーティング」を用いて、リスト内の要素をインデックスで指定します。

Webページには、指定した要素に応じて「お探しの商品は○○ですね」という文字列を表示しますが、リストの要素数以上の数をアドレスに入れたときは、「お探しの商品はありません」という文字列を表示するようにします。

※なお、マイナスの数値や関係ない文字列はアドレスに加えないという前提です。

これには、2通りの方法があります。

「if文」を、**(A) Pythonの関数の中で用いる**か、それとも**(B)「テンプレート文字列」に埋め込む**かです。

●(A)Pythonの関数の中で「if文」を用いる

この例は、**リスト3-14**のような関数「show_product1」です。

＊

第2章の**リスト2-7**と似ているところだけ示します。

また、テンプレートとして用いる文字列「content」の書き出しは、条件にかかわらず一定なので、その部分だけ作っておきます。

リスト3-14 「if文」は関数「show_product1」の中で用いている

```
d@route('/tplt/show1/<id>')
def show_product1(id):
    products = ['Tシャツ', 'ズボン', 'ワンピース', 'スーツ' ]
    id = int(id) #忘れないようにしましょう

    #書き出しだけ作っておく
    content =' お探しの商品は <br>'

    #このあと内容を続ける
```

今回は、引数「id」を整数に変換した値の大きさが、「len (products)」より小さければ要素を探せますから、「content」を完成させます。

そして、関数「template」の引数に渡して、「return文」で戻します。

これが**リスト3-15**の処理です。

テンプレートに埋め込む変数名が「product」で、その正体は「products[id]」で表わされる要素です。

リスト3-15　「products[id]」を埋め込むテンプレートを戻す

```
    if(id<len(products)):
        return template(content + '<b>{{product}} </b>ですね',
                product = products[id])
```

ifの条件に合わないのが、「idが大きすぎる」場合です。
「if文」の中の処理を飛ばして、**リスト3-16**の「return文」へ行きます。

リスト3-16　「id」が大きすぎた場合に行く「return文」

```
    return content+'<b>ありません</b>' #テンプレートではなく普通の文字列を戻す
```

＊

リスト3－16では、一つ注意があります。

それは、「埋め込む変数」も「埋め込むコード」もありませんから、テンプレートではなく、「普通の文字列」を返すようにしなければならないということです。

「普通の文字列でいい」のではなく、「**普通の文字列でなければならない**」のです。
これについては結果を見てから、説明します。

＊

リスト3-14の「#このあと内容を続ける」と書いた部分に、**リスト3-15**と**リスト3-16**を続けて書き、ファイルを保存します。

図3-11 (a) - (c)は、「id」にあたる数値をいろいろに変えたアドレスを呼び出した場合に表示されるページです。

(a) http://localhost:8782/tplt/show1/0　(b) http://localhost:8782/tplt/show1/2

(c) http://localhost:8782/tplt/show1/5

図3-11　アドレスの中で「id」を変えたときに表示されるページ

Tips　変数もコードもなければ、関数「template」を使ってはいけない

リスト3-16で気をつけたように、{{　}}の中に入れる変数や、「%」で始まる「Pythonコード」がない単純な文字列の場合、関数「template」の引数にして返してはいけません。
たとえば、リスト3-16をリスト3-17のように書いてはいけないのです。

リスト3-17　リスト3-16をこう書いてはいけない

```
    return template(content+'<b>ありません</b>')
```

理由は、**図3-11 (c)** が出るはずの場合に、**図3-12**のようなエラーになるからです。

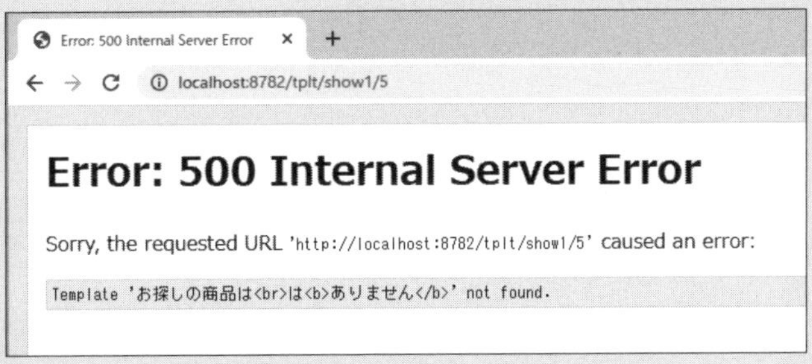

図3-12　図3-11 (c)が出るはずの場合に出るエラー

図3-12のエラーは、「テンプレート・ファイルがない」と言っています。
その通りで、この原因は、単純な文字列を引数に渡すと、たとえHTMLのタグがあっても関数「template」はその文字列を「テンプレート・ファイル名」と解釈するのです。

図3-12のようなエラーが表示された場合、関数の「return文」が何を戻しているのかを確認してください。

(B)テンプレートの中で「if文」を用いる

関数「show_product1」に対して、**リスト3-18**からはじまる関数「show_product2」では、テンプレートの中にPythonの「if文」を埋め込みます。

リスト3-18の最初の部分は、前の関数と文字列が違うだけです。

リスト3-18　関数「show_product2」。最初の部分は文字列が違うだけ

```
@route('/tplt/show2/<id>')
def show_product2(id):
    products = ['フライパン', 'まな板', '包丁', 'やかん' ]
    id = int(id)

    #このあとが違ってくる
```

テンプレート「content」を**リスト3-19**のように書きます。

リスト3-19　関数「show_product2」のテンプレート文字列「content」

```
content = """
    お探しの商品は<br>
    %if id < len(products):
        <b>{{products[id]}}</b>ですね
    %else:
        <b>ありません</b>
    %end
    """
```

テンプレートの中の「for文」と同様、条件に応じて「HTML文」に加えるべき文字列は、直接「Pythonコード」中に置くだけですみます。

引用付も不要ですし、変数は埋め込めばよいので、「+」で文字列の結合をする必要もありません。

一方、**リスト3-15**のように「return文」で処理が終結しないので、**リスト3-19**の二つ目の条件は「else」で切り替える必要があります。

そして、このテンプレートには変数「products」と、整数に変換したあとの「id」を渡さなければなりません。

関数「show_product2」の「return文」は、**リスト3-20**のようになります。

リスト3-20　関数「show_product2」の「return文」

```
return template(content,
    id = id, products=products)
```

リスト3-18で「#このあとが違ってくる」とコメントした場所に、**リスト3-19**と**リスト3-20**を続けます。

リスト3-21のようなアドレスで、最後の「id」にあたる数値を変えてページを表示させてみてください。

リスト3-21　関数「show_product2」を呼び出すアドレスの例。最後の数値を変えてみよう

```
http://localhost:8782/tplt/show2/1
```

結果のスクリーンショットは省略しますが、**図3-11**と商品名が違うだけの結果になり、「id」が大きすぎると「お探しの商品はありません」と表示されるでしょう。

＊

本章で学ぶのはここまでです。

テンプレートが本当に必要になるのは、データの入力を行なうための「フォーム」の記述です。

これは**次章**で行ないます。

＊

「tptl.py」でもいろいろな関数を作りました。

そこで、各関数を呼び出すページへのリンクをつけておきましょう。

第2章では、「HTML文」を直接書き下して変数「PAGES」に渡しましたが、その際には「<li><a href = '...'></li>」を繰り返し書きました。

＊

今回、せっかく**リスト3-8**のように、テンプレート中で「for文」による繰り返しを書く方法を学びましたから、これを用いましょう。

そこで、「tptl.py」の最初のインポート文の下に、**リスト3-21**のような変数「PAGES」を作ります。

リスト3-21　第３章における変数「PAGES」

```
#インポート文の後

PAGES = [
      ('today', '今日の日付'),
      ('calc/3','3の2乗と2の3乗'),
      ('calc/5','5の2乗と2の5乗'),
      ('colors','for文で色のリスト'),
      ('morecolors','コード埋め込みで乱数'),
      ('show1/2','if文、id2'),
      ('show1/4','if文、id4'),
      ('show2/0','if文埋め込み、id3'),
      ('show2/5','if文埋め込み、id4')
]
```

リスト3-21は「タプルのリスト」です。

「タプル」は、要素を丸括弧「(　)」で囲んだ集合体で、要素は読み取り専用です。

そのため、メモリ使用量が小さいという利点がありますが、このくらいのデータ量なら「リストのリスト」にしても特に違いがありません。

ただ、全体がリスト「[　]」で要素がタプル「(　)」だと括弧の形で区別をつけられるので、このようにしました。

この「PAGES」のデータについて繰り返す「テンプレート文字列」が、**リスト3-22**の「PAGES_TEMPLATE」です。

「PAGES」のすぐ後に書きます。

＊

リスト3-22　「PAGES」を用いたテンプレート「PAGES_TEMPLATE」

```
PAGES_TEMPLATE = """
<h1>第3章　テンプレート</h1>
<h2>サンプルページリスト</h2>
<ul>
%for page in PAGES:
      <li><a href='/tplt/{{page[0]}}'>{{page[1]}}</a></li>
%end
</ul>
"""
```

リスト3-22で気をつけることは、文字列についている「引用符」の扱いです。

「Pythonコード」中では「引用符」つきで書いてある文字列が、テンプレートに読み込まれるときは、「引用符」から抜けます。

ですから、HTMLタグの属性で「引用符」が必要なところは、テンプレート側で「引用符」をキッチリ置いておきます。

図3-13の通りです。

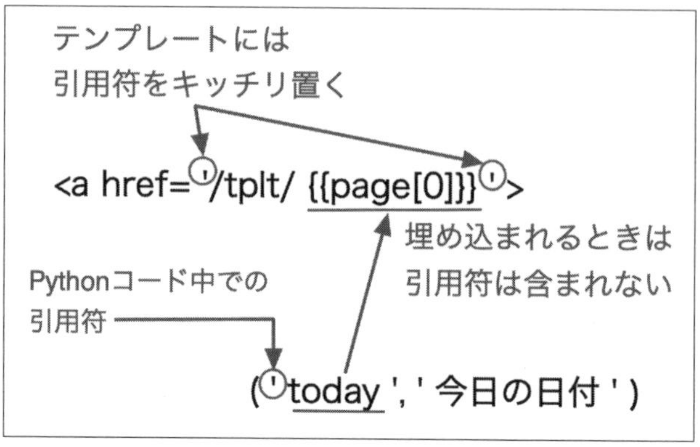

図3-13 「Pythonコード」についている引用符は、テンプレート中では埋め込まれない

そのあと、「/tplt」アドレスへのルーティングのある関数「index」を、リスト3-23のように書きます。

リスト3-23 関数index

```
@route('/tplt')
def index():
    return template(PAGES_TEMPLATE, PAGES=PAGES)
```

リスト3-23では、最初の引数に、リスト3-22に示したテンプレート「PAGES_TEMPLATE」を渡しています。

また、その次の引数に「PAGES」を渡しているところに注意してください。

「PAGES_TEMPLATE」には「%」記号によって「Pythonコード」を埋め込んでありますが、そこに「PAGES」が参照されています。

この内容は、「Pythonコード」から与えてやらなければなりません。

図3-13に示す通りです。

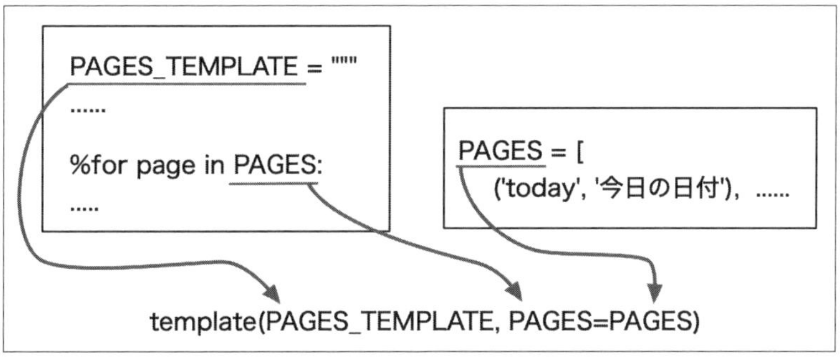

図3-14　関数「index」が戻す「template関数」

＊

では、ブラウザで**リスト3-24**のアドレスを呼び出してみましょう。

リスト3-24　関数「index」を呼び出すアドレス

```
http://localhost:8782/tplt
```

図3-15のように、これまで作ったページへのリンク一覧が表示されます。
戻るには、ブラウザの「戻る」ボタンを使ってください。

図3-15　第3章で作ったページの一覧

では、「tplt.py」を終わりにするので、サーバを終了させてください。

第4章

フォーム

「Webアプリケーション」といえば、データを入力する「フォーム」がほぼ必須です。
「Bottle」での「フォーム」の書き方は「HTML文」が主体であり、それほど楽にはなりませんが、「データ」の「受け取り」と「処理」がとても簡単になります。

4-1 「簡単なデータ」の受け渡し

「データベースからの読み出し」を模して、Pythonファイルに直接書き込んだデータを、二つのページ間で受け渡してみましょう。
「フォームデータを送るページを記述する関数」と、「受け取るページを記述する関数」をそれぞれ作ります。

■新しいファイルとインポート

新しいファイル「form.py」を作りましょう。

＊

まず、**リスト4-1**を書いておきます。

リスト4-1 「form.py」の最初の内容

```
from bottle import post, request, route, run, template

#ここに関数を書いていく

run(host='localhost', port=8782, reloader=True)
```

リスト4-1で注目すべきは、「フォーム」を使うために必要になった、二つのライブラリです。
それぞれ、「import文」の最初に書いておきました。

・post	「フォーム」で送信するデータを受け取る関数につける「デコレータ」。
・request	「フォーム」のデータを受け取って処理するために必要な「モジュール」。

■読み込むデータ

最初のフォームで読み込むデータは、ファイル中に書いておきます。

リスト4-1で「#ここに関数を書いていく」とコメントしたところに、最初に**リスト4-2**のように書きます。

リスト4-2　読み込むデータを書いておく

```
FRAMEWORKS=[
    ('Angular', 'TypeScript', 'https://angular.io/'),
    ('Bottle', 'Python', 'https://bottlepy.org/'),
    ('Flask', 'Python', 'https://flask.palletsprojects.com/'),
    ('Ruby on Rails', 'Ruby', 'https://rubyonrails.org/'),
    ('Spring Framework', 'Java', 'https://spring.io/'),
    ('Play Framework', 'Scala/Java', 'https://www.playframework.com/')
]
```

リスト4-2に挙げたのは、いろいろなオープンソースの「Webフレームワーク」の「プロジェクト名」「使用言語」「公式ページのアドレス」です。

タプルのリストの形にして、変数「FRAMEWORKS」に渡しておきます。

■「フォーム」を与えるページ

「フォーム」を与えるページの完成イメージは、**図4-1**のとおりです。

*

「ドロップダウン・リスト」から「フレームワーク」の名前を選んで「確定」ボタンで送信します。

図3-10で行なったように、「データのidを大きさに注意しながらアドレスに直接入力」していた時代は終わります。

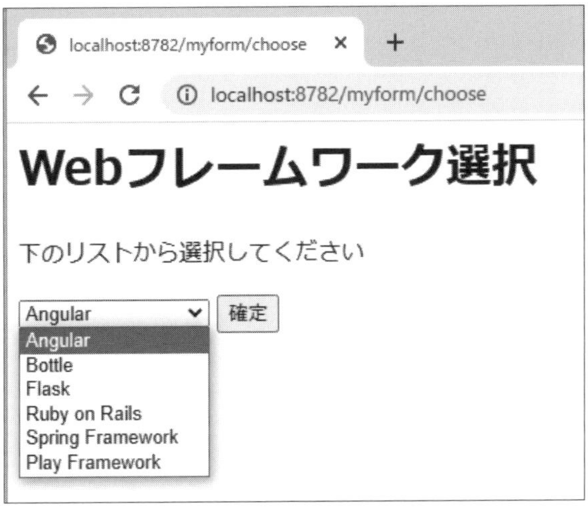

図4-1　「ドロップダウン・リスト」とボタンからなるページ

＊

図4-1を記述するために、ルーティングのある関数「choose_name」を作ります。

手 順 「フォーム」を与えるページを作る

[1] まず、リスト4-3のように書きます。

リスト4-3 関数「choose_name」

```
@route('/myform/choose')
def choose_name():

    content = """
    """#FRAMEWORKSの要素を使ってフォームを描く

    return template(content, FRAMEWORKS = FRAMEWORKS)
```

リスト4-3の関数「choose_name」は以下の性質をもっています。

・アドレス /myform/chooseで呼び出せる

・「テンプレート文字列」の変数名は「content」で、この中に「FRAMEWORKS」の要素を埋め込む（まだ空）

・関数「template」の引数には「FRAMEWORKS」を渡す

[2] では、テンプレート文字列「content」の中身を書きましょう。
リスト4-4のようにします。

リスト4-4 テンプレート文字列「content」の中身

```
    content = """
    <h1>Webフレームワーク選択</h1>
    <p>下のリストから選択してください</p>
    <form action = "/myform/show" method ='POST'>
         <select name = 'framework'>
            %for i in range(len(FRAMEWORKS)):
                <option value= {{i}}>{{FRAMEWORKS[i][0]}}</option>
            %end
        </select>
        <input type = 'submit' value='確定'>
    </form>
    """
```

＊

リスト4-4は、あまり簡単ではありません。
「HTML文」の「フォーム」をほとんど書く必要があります。

「Bottle」による特徴的な書き方は、図4-2に示す部分です。

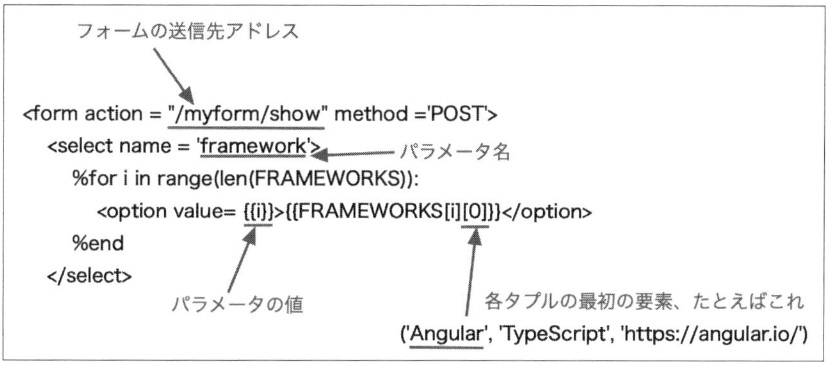

図4-2　リスト4-4の中で「Bottle」に特徴的な部分

＊

図4-2の中では、以下の内容を把握しておいてください。

・「フォーム」の送信先アドレス
フォームデータを受け取る関数は、このアドレスにルーティングされなければなりません。

・パラメータ名
フォームデータを受け取る関数は、この「パラメータ名」を参照します。

・パラメータの値
「パラメータ名」に「ヒモづけ」されて送られるパラメータ値です。
このフォームでは、リスト「FRAMEWORKS」のいずれかの要素のインデックスです。

・「ドロップダウン・リスト」の表示文字列
図4-1で見たように、「ドロップダウン・リスト」に表示される文字列は、各タプル内の要素のうち先頭にある「プロジェクト名」です。

リスト4-3では空白だった「content」を**リスト4-4**のように書き換えて、関数「choose_name」を完成させておいてください。

■「フォーム」を受け取るページのルーティング

「フォーム」を受け取るページの完成イメージは、**図4-3**のようになります。
(**図4-2**の「フォーム」の「ドロップダウン・リスト」から「Flask」を選択して送った場合)

図4-3 「フォーム」で「Flask」を選択して送信したデータを受け取った画面

手 順 「フォーム」を受け取るページを作る

[1] 図4-3のページを記述する関数「show_data」を書きましょう。

まず、「フォーム」を受け取るページのルーティングには、**リスト4-5**のようなデコレータ「post」を用います。

リスト4-5 デコレータ「post」でルーティングされる関数「show_data」

```
@post('/myform/show')
def show_data():
    #中身を書いていく
```

[2] 関数「show_data」に中身を書いていきましょう。
何はなくとも、「フォーム」から送られてきたパラメータの値を受け取ります。

それには、**リスト4-4**に指定されたパラメータ名「'framework'」を用いて、**リスト4-6**のように書きます。

リスト4-1でインポートしたモジュール「request」を用いています。

リスト4-6 パラメータ名「'framework'」の値を受け取る

```
    id = request.forms.get('framework')
```

[3] このようにして受け取った値はあくまで「文字列値」なので、整数に変換してから、リスト「FRAMEWORKS」から取り出す要素のインデックスに指定します。

リスト4-7 整数に変換してからインデックスにする

```
    show = FRAMEWORKS[int(id)]
```

今書いている関数「show_data」は、「FRAMEWORKS」が定義されているのと同じ「form.py」に書いてあるので、直接、変数を参照できます。

これが「Bottle」のいいところです。

一つのファイルにデータも、データを送る関数も受け取る関数もまとめて書けるので、組織内の「プレゼン」や「概念実証」などで急いで報告を準備しなければならないときに、“ガガガッ”と書いて、さっと使えます。

[4] リスト4-7で得られたのは、「FRAMEWORKS」の要素の一つである「タプル」です。

この「タプル」から、「0番目」と「1番目」および「2番目」の要素を取り出して表示するテンプレートを、**リスト4-8**のように変数「content」に与えます。

リスト4-8　変数「content」に与えるテンプレート文字列

```
content= """
<div>
<b>フレームワーク名: </b>{{show[0]}}<br>
<b>言語: </b>{{show[1]}}<br>
<b>URL: </b><a href='{{show[2]}}' target='_blank'>
{{show[2]}}</a>
</div>
<p><a href='/myform/choose'>選択画面に戻る</a>
"""
```

リスト4-8では、**図4-4**の部分に特に注意です。

使いやすくする工夫がしてあります。

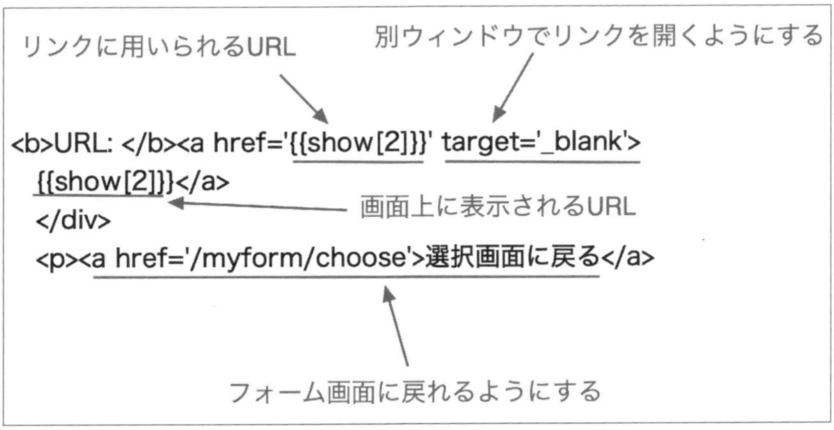

図4-4　リスト4-8でリンクを扱っている部分

関数「show_data」の最後に、関数「template」を用います。

これに、テンプレート文字列「content」と、テンプレート中で用いている変数「show」を渡します。

＊

一方、「FRAMEWORKS」からは関数の中で要素を取り出してしまったので、もうテンプレートに渡す必要はありません。

リスト4-9の通りです。

リスト4-9 関数「show_data」の最後の「return文」

```
    return template(content, show = show)
```

＊

リスト4-1以後、切れ切れにコード例を示してきたので、全体が見えにくくなっていると思います。

そこで、全文をリスト4-10に示しました。

「フォーム」の基本となる書き方なので、しっかり押さえておくと、次に進みやすくなるでしょう。

リスト4-10 ここまでの「form.py」全文

```
from bottle import post, request, route, run, template

FRAMEWORKS=[
    ('Angular', 'TypeScript', 'https://angular.io/'),
    ('Bottle', 'Python', 'https://bottlepy.org/'),
    ('Flask', 'Python', 'https://flask.palletsprojects.com/'),
    ('Ruby on Rails', 'Ruby', 'https://rubyonrails.org/'),
    ('Spring Framework', 'Java', 'https://spring.io/'),
    ('Play Framework', 'Scala/Java', 'https://www.playframework.com/')
]

@route('/myform/choose')
def choose_name():
    content = """
    <h1>Webフレームワーク選択</h1>
    <p>下のリストから選択してください</p>
    <form action = "/myform/show" method ='POST'>
    <select name = 'framework'>
        %for i in range(len(FRAMEWORKS)):
            <option value= {{i}}>{{FRAMEWORKS[i][0]}}</option>
        %end
    </select>
    <input type = 'submit' value='確定'>
    </form>
    """
    return template(content, FRAMEWORKS = FRAMEWORKS)

@post('/myform/show')
def show_data():
    id = request.forms.get('framework')
    show = FRAMEWORKS[int(id)]
```

```
    content= """
    <div>
    <b>フレームワーク名: </b>{{show[0]}}<br>
    <b>言語: </b>{{show[1]}}<br>
    <b>URL: </b><a href='{{show[2]}}' target='_blank'>
    {{show[2]}}</a>
    </div>
    <p><a href='/myform/choose'>選択画面に戻る</a>
    """

    return template(content, show = show)

run(host='localhost', port=8782, reloader=True)
```

＊

「form.py」を実行したら、ブラウザで**リスト4-11**のアドレスを呼び出すと、**図4-1**の画面が出ます。

図4-1で、「ドロップダウン・リスト」から適当なものを選んで「確定」ボタンを押してみてください。

アドレスは**リスト4-12**に切り替わり、**図4-3**の画面になるでしょう。

リスト4-11　最初にブラウザで呼び出すアドレス

```
http://localhost:8782/myform/choose
```

リスト4-12　フォームデータを送信後のアドレス

```
http://localhost:8782/myform/show
```

4-2　同じアドレスに戻る

「同じ操作を別のデータで続ける」あるいは「ユーザーが操作を失敗したらやり直す」ようにしたい場合があります。

その場合は、同じアドレスを呼び出す「GET」と「POST」という二つの命令を使い分けましょう。

「Bottle」でこれをどのように書くかを、「ログイン・ページ」を例に説明します。

■同じアドレスに戻りたいとき

前節では、「フォーム」のデータを別のアドレスのページに送信しました。

アドレスも違うし、ページの記述も違う二つのページです。
しかし、「同じ操作を別のデータで続ける」「ユーザーが操作を失敗したらやり直す」ようにしたい場合もあります。

その場合、「Bottle」では「同じアドレスで違う関数を呼び出す」ことができます。

といっても、自由奔放に呼べるわけではありません。
「そのアドレスを呼び出すHTTP命令」で差別化します。

＊

この「HTTP命令」の中で最もよく使われるのは、読み出すだけの**「GET」命令**と、フォームからパラメータを送る**「POST」命令**です。

> ※「GETは読み出すだけ」「POSTはフォームから送信」という区別は、厳密には正確ではありませんが、分かりやすい考え方として多く受け入れられています。

■従来の「ログイン・ページ」

「Bottle」で「GETとPOSTで違う関数を呼び出す」という書き方は、従来の考え方とは異なっています。
その違いを説明しましょう。
いい例が「ログイン・ページ」です。

＊

従来の「ログイン・ページ」の一例を考えてみましょう。
以下のような流れになります。
図4-5にも図示する通りです。

(1)まず、ブラウザで「ログイン・アドレス」を「GET命令」で開いて、ログイン。

(2)ログイン情報は「POST命令」で「メンバー専用ページアドレス」へ送られる。

(3)「メンバー専用ページアドレス」の制御プログラムが「パスワード」を照合。

・成功なら、メンバー専用ページを表示。
・失敗なら、「ログイン・アドレス」のページを「GET命令」で呼び出す。

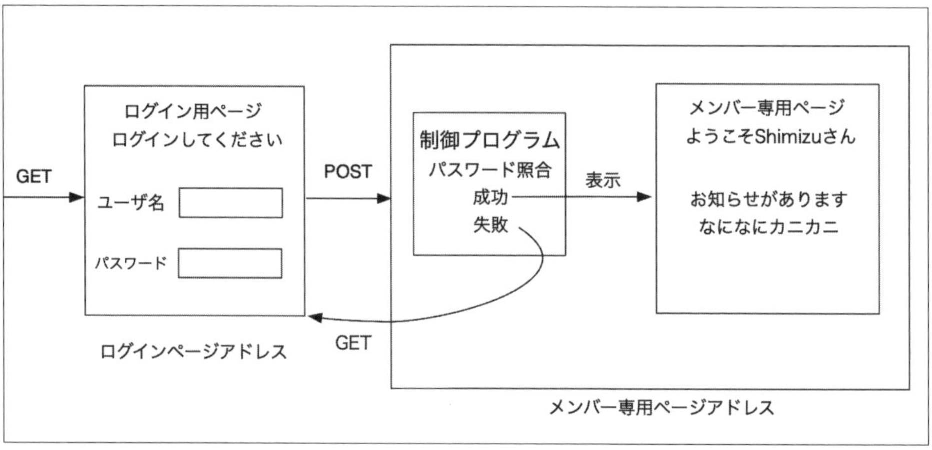

図4-5　二つのアドレスを使い分けるログインシステム

この方法では、二つのアドレスを管理しなければなりません。

そして、制御プログラムの中でHTTPによる他のページの呼び出しを発生させる必要があります。

■一つの制御プログラムでの使い分け

次に、一つの「メンバー専用ページ」のアドレスが「GET」と「POST」でそれぞれ呼び出された場合の表示を、一つの制御プログラムで切り替える方法を示します(**図4-6**も参照)。

(1)同じページを呼び出すとき、一つの制御プログラムが呼び出される。

・「GET」で呼び出されたら、必ず「ログイン・ページ」を表示。

・「POST」で呼び出されたら、「パスワード照合」を行なう。
→成功したら、メンバー専用ページを表示。
→失敗したら、「GET命令」で自分自身のアドレスを呼び出す。

(2)よって、「初めて呼び出すとき」と、「パスワード照合に失敗したとき」はログイン画面になる。

「パスワード照合に成功したとき」は、メンバー専用ページが表示される。

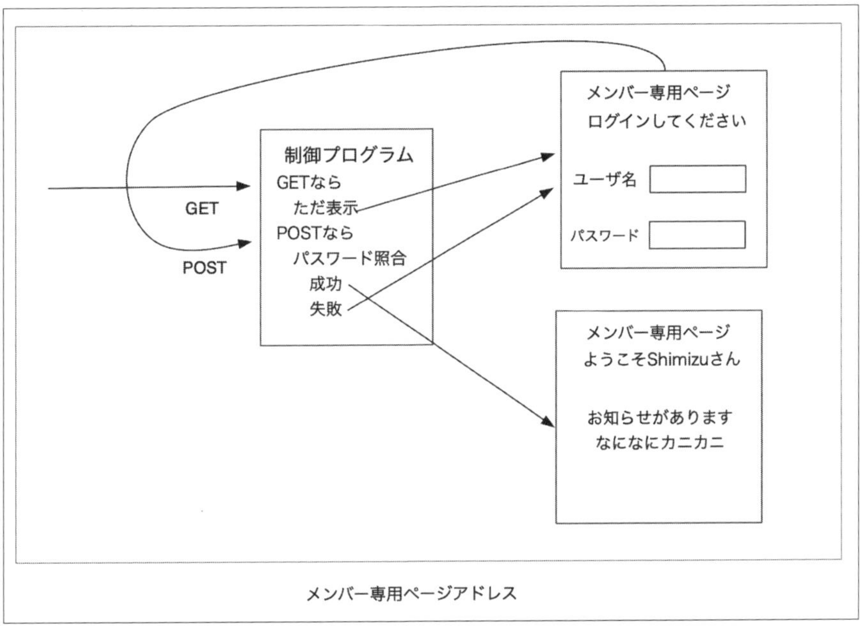

図4-6 一つのアドレスで、「GET」か「POST」かで表示を切り替える

このプログラムでも、自分自身のアドレスではありますが、「制御プログラム」の中で「HTTPによるアドレスの呼び出し」をすることになります。

■「Bottle」で「GET」と「POST」を使い分ける

一方、**図4-7**の方法が**図4-6**の方法と違うのは、「一つのアドレスでGETとPOSTを使い分ける」という目的は同じですが、**「制御プログラム」が「GET用」と「POST用」に分かれている**ことです。

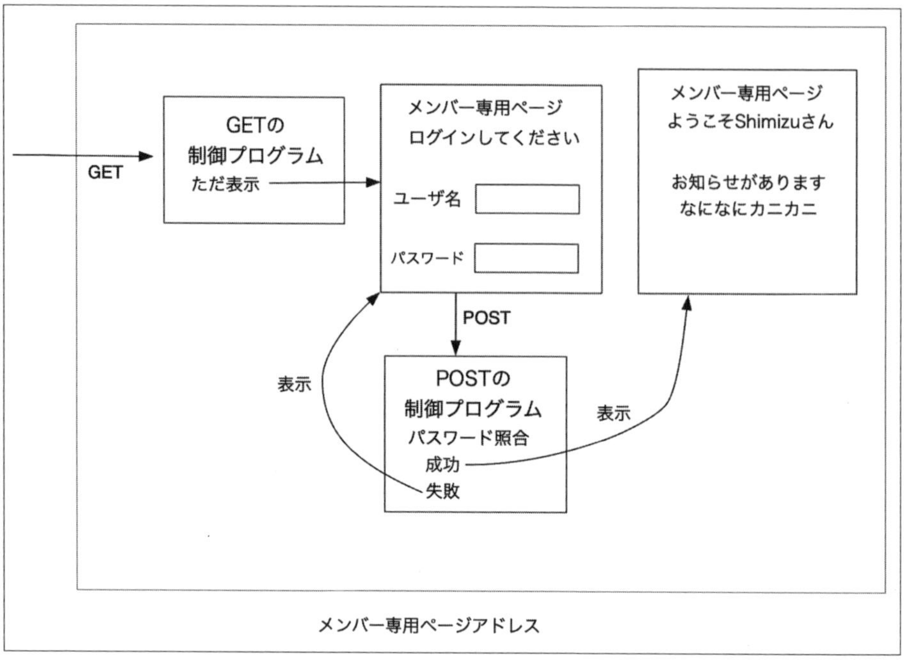

図4-7　「GET」と「POST」で別の「制御プログラム」が動く

このように、制御プログラムの中でアドレスの呼び出しをしなくてよくなりました。
表示するテンプレートだけを変更すればいいのです。
そして、テンプレートを文字列にしておけば、文字列の変換だけですみます。

＊

以上、「Bottle」で「自分のアドレスに戻る」プログラムを書く考え方を、「ログイン・ページ」を例に考えましたが、架空の「ログイン・ページ」を作って意味のないメンバー専用ページに導入するよりも、もっと実用的なプログラムを作りましょう。

次節で説明していきます。

4-3 足し算練習プログラム

みなさん、4桁の数同士の足し算は得意でしょうか。
繰り上がりなど、けっこう頭の体操になると思います。

これから4桁の「足し算練習プログラム」を作ります。
動作確認が楽しみですね。

■完成後のイメージ

「足し算練習プログラム」の完成後のイメージは、以下の通りです。
「呼び出すアドレス」「操作後のアドレス」は、いずれも**リスト4-13**のままです。

リスト4-13　操作にかかわらず呼び出される「アドレス」

```
http://localhost:8782/myform/addthem
```

最初に表示されるページを**図4-8**に示します。
ここには、以下のような内容があります。

- **「4桁足し算練習プログラムにようこそ！」という表題**
- **それぞれ乱数的に選びだされた4桁の数2つの足し算**
- **答を入力する「テキスト・フィールド」**
- **送信ボタン**

図4-8は、「テキストボックス」に答を入れてみたところです。
実は正答の例を出すつもりでしたが、間違えました。
これで「Go」を押してみます。

図4-8　最初に表示されるページに正答を入れたつもり

すると、間違っていたので、**図4-9**に示す再チャレンジのページになります。
図4-8との違いは「ようこそ」が「残念」になっただけです。
足し算の問題は変わりません。

正答を入れてまた「Go」を押します。

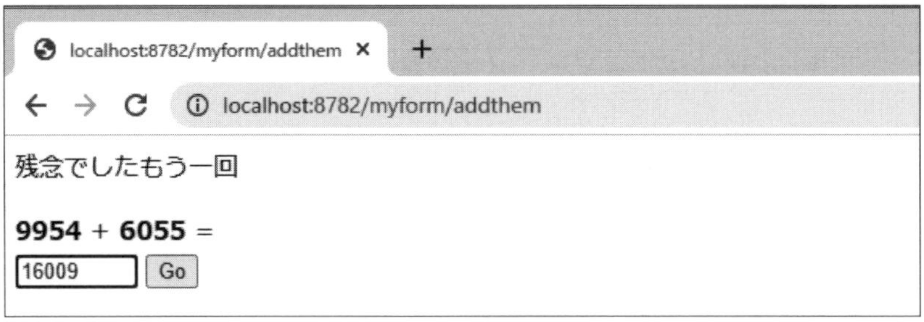

図4-9　再度同じ問題で挑戦

こんどは正しかったので、**図4-10**のように表示が「その通り！では次の問題」になり、問題が新しく変わります。

図4-10　新しい問題になる

手　順　「足し算練習プログラム」を作る①

[1] まず、図4-8〜図4-10でフォームになる部分を文字列にして、「form.py」の各関数の外側で変数「ADDFORM」に渡します。

リスト4-14の記述は、最後の関数「run」の前でさえあれば、どこに書いてもかまいません。

リスト4-14　変数「ADDFORM」にテンプレートとなる文字列を渡す

```
ADDFORM = """
<div>
<b>{{a}}</b> + <b>{{b}}</b> =
<form action ="/myform/addthem" method="post">
    <input type = 'text' name = 'answer' size = '6' value='0'>
    <input type = 'hidden' name = 'a' value = '{{a}}'>
    <input type = 'hidden' name = 'b' value = '{{b}}'>
    <input type= 'submit' value = 'Go'>
</form>
</div>
"""
```

リスト4-14には「{{a}}」および「{{b}}」という文字がそれぞれ2回ずつ埋め込まれていますが、ここにどんな値を渡すかは、この文字列をテンプレートに使ったときに決めます。

リスト4-14はあくまでも文字列なので、これで正しい記述になっています。

[2] **リスト4-14**をテンプレートとして用いる関数を書いていきます。

アドレス「'/myform/addthem'」が「GET命令」で呼ばれたときの関数については、そのルーティングをデコレータ「get」で表わします。

そのために、ファイルの最初に書くimport文にデコレータ「get」を加えます。

リスト4-15　デコレータ「get」のインポート(後の方は省略)

```
from bottle import get, post ....
```

[3] そして、デコレータ「get」によるルーティングがついた関数「start_add」を、**リスト4-16**のように定義します。

リスト4-16　デコレータ「get」によるルーティングがついた関数「start_add」

```
@get('/myform/addthem')
def start_add():
    welcome = """
    <h1>4桁足し算練習プログラムにようこそ！</h1>
    """
    return template(welcome+ADDFORM,
    a = random.randint(1000, 9999),
    b = random.randint(1000, 9999))
```

リスト4-16でテンプレートとするのは、「ADDFORM」の内容の前に、表題「4桁足し算練習プログラムにようこそ！」を加えた文字列です。

変数「welcome」に渡された文字列は1行だけなので、必ずしも三つの引用符で囲む必要はありませんが、テンプレートであることが分かりやすいように、あえてこのようにしています。

リスト4-14で「{{a}}」「{{b}}」として埋め込んだ変数「a」「b」には、それぞれ1000から9999まで(両端含む)の中から乱数的に選んだ整数が渡されます。

そのため、「form.py」の最初のほうに、**リスト3-9**のように、「random」をインポートする行を加えてください。

■「フォーム」の内容を改めて検討

変数「a」「b」の値が渡されることが分かったので、テンプレート文字列「ADDFORM」の内容をもう一度説明しましょう。

＊

最初のほうで注意すべき内容を**図4-11**に示します。

関数「start_add」で渡された「a」と「b」の値は、まず足し算の問題表示に用いられます。
また、フォームのリンク先や、「HTTP命令」がどこに記されているかにも注意してください。

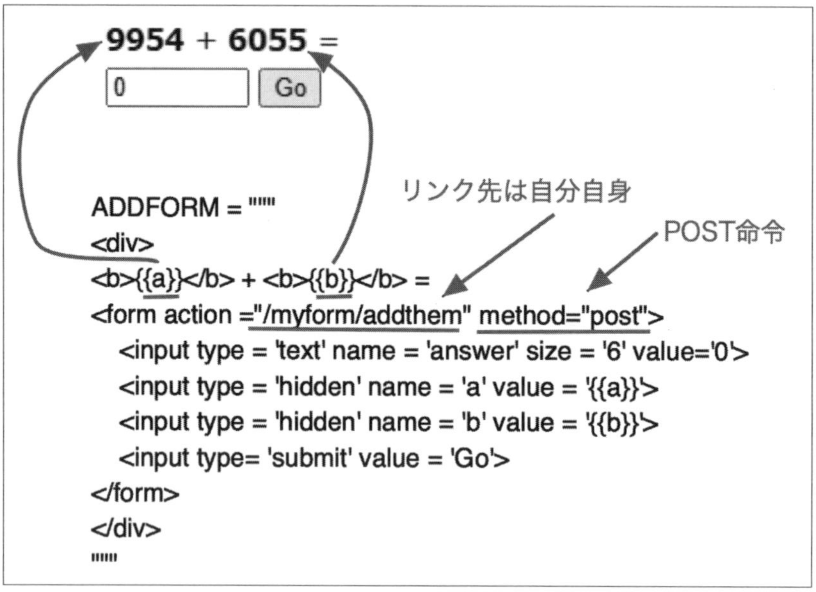

図4-11　変数「ADDFORM」に記述するフォームの内容（前半）

図4-12は同じ「ADDFORM」の内容の後半のほうを見ています。

関数「start_add」から送られた「a」と「b」の値がそのままフォームから転送されていますが、種類を「hidden」にして、フォームからは見えないようにしています。

＊

また、答を入力する「テキスト・フィールド」には、初期値「0」を入れておきます。

万が一、何も入力しないで送信ボタンを押してしまっても、「0」という答が送信されるようにするためです。

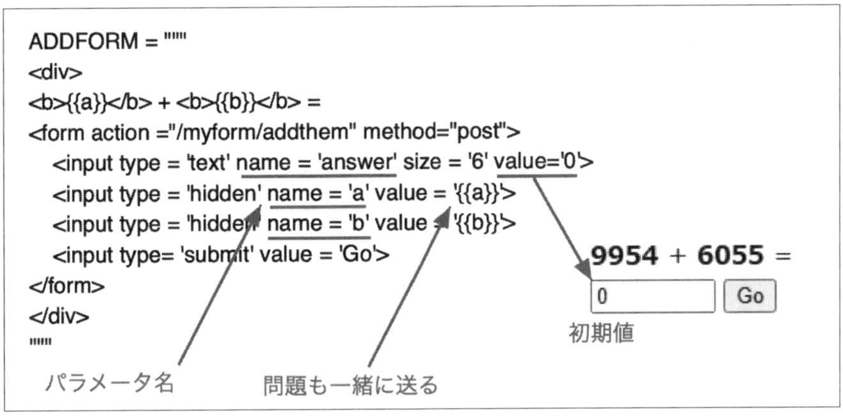

図4-12　変数「ADDFORM」に記述する「フォーム」の内容（後半）

■「POST命令」で呼び出される関数

手　順　「足し算練習プログラム」を作る②

[1] アドレス「'/myform/addthem'」が「POST命令」で呼ばれたときの関数「check_add()」では、送られてくるパラメータ名「'answer'」「'a'」「'b'」の値をそれぞれ受け取り、整数に変換します。

＊

ここまでの部分をリスト4-17に示します。

リスト4-17　「POST命令」で呼び出される関数「check_add」の最初の処理

```
@post('/myform/addthem')
def check_add():
    answer = int(request.forms.get('answer'))
    a = int(request.forms.get('a'))
    b = int(request.forms.get('b'))

    #このあと結果を調べる
```

[2] 計算の結果が正しければ、以下の値を返します。

・「ADDFORM」の内容の前に「そのとおり！では次の問題」という見出しをつけてテンプレートにする。

・新たに乱数的に算出した値をテンプレートのa、bに渡す。

これがリスト4-18です。

＊

リスト4-17の「#このあと結果を調べる」とコメントしたところに書きます。

リスト4-18　計算結果が正しかった場合

```
if answer == a+b:
    correct = """
    <h1> そのとおり！では次の問題 </h1>
    """
    return template(
        correct+ADDFORM,
        a = random.randint(1000, 9999),
        b = random.randint(1000, 9999))
```

[3] 一方、結果が間違っていた場合は、**リスト4-19**のようにもう一度同じ問題を表示します。

そのために、わざわざフォームから「a」と「b」の値を送ったわけです。

リスト4-19　計算結果が間違っていた場合

```
failure = """
    <p> 残念でしたもう一回 </p>
    """
return template(failure+ADDFORM, a=a,b=b)
```

[4] **リスト4-18**のあとにさらに**リスト4-19**を書いて、ファイル「form.py」を保存します。

＊

ブラウザでアドレスを**リスト4-13**のように指定して、4桁の足し算を楽しんでください。

Tips　「GET命令」と「POST命令」

これまで用いていたデコレータ「route」は、そのままでは「GET命令」での呼び出しです。

そこで、引数「method = 'post'」をつけることで「POST命令」の呼び出しに対応します。

「@get」「@post」は、それぞれ「@route」の引数「method」の値が「'get'」の場合と「'post'」の場合の便宜的な書き方です。

4-4　日本語の送受信

いままでは、「フォーム」から「整数」を送信してきました。
しかし、「文字」を送受信したいときもあるのはもちろんです。

日本語を送信したいときは、文字化けしないようにパラメータをgetunicodeメソッドで受け取ります。

■完成イメージ

日本語の文字列を送受信する練習用に、図4-13のように入力した文字が、図4-14のように「やまびこ」となって表示されるプログラムを作りましょう。

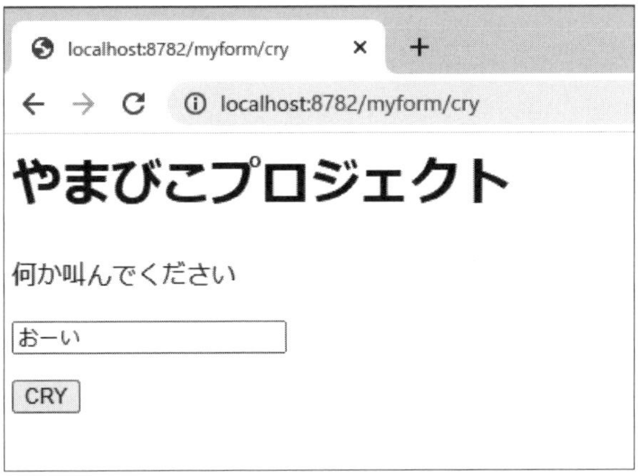

図4-13　「おーい」という文字を送信する

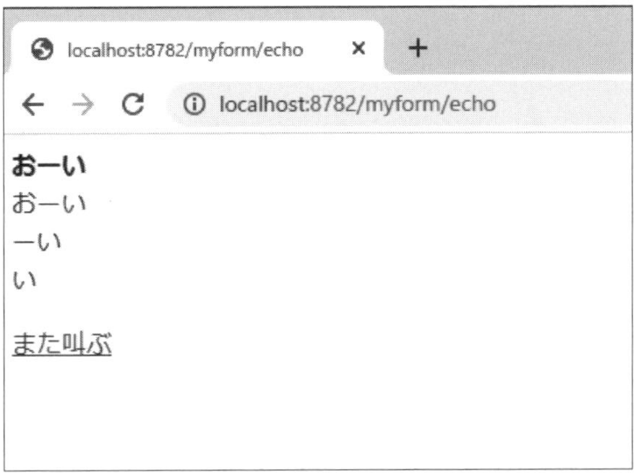

図4-14　「やまびこ」となって表示される

手順 「やまびこ」プログラムを作る

[1] 日本語を送信する「フォーム」には、とくに注意は必要ありません。

「form.py」に**リスト4-20**の関数「cry」を書いてみましょう。

日本語でもアルファベットでも、なんでも「テキスト・フィールド」に入力して、送信できるフォームです。

初期値に「おーい」を与えておきます。

変数「cryform」に渡す文字列はないので、template関数を使わないで、文字列を直接返します。

リスト4-20　日本語を送信できる「フォーム」

```
@route('/myform/cry')
def cry():
    cryform ="""
     <h1>やまびこプロジェクト</h1>
     <p>何か叫んでください</p>
     <form action ='/myform/echo' method='post'>
        <p><input type ='text' size = '20'
            name = 'cry' value = 'おーい'></p>
        <input type ='submit' value = 'CRY'>
    </form>
    """
    return cryform #文字列を返す
```

[2]「フォーム」から文字列を受信する関数「echo」を書きます。

これは、受信した文字列を一文字ずつ減らしながら繰り返し表示するという「やまびこ効果」を与える関数です。

重要なのは、「フォーム」から「'cry'」という名のパラメータの値を受け取るメソッドです。

整数の場合は「request.forms.get('＜パラメータ名＞')」でよかったのですが、日本語の場合は文字化けしないように「request.forms.getunicode('＜パラメータ名＞')」を用います。

リスト4-21　日本語を受け取るとき文字化けしないようにする

```
@post('/myform/echo')
def echo():
    cry = request.forms.getunicode('cry')
    #文字列を受け取ったcryをこれから用いる
```

[3] リスト4-22は、リスト4-21で文字列を受け取った変数「cry」から「やまびこ効果」を出していく書き方です。

テンプレート文字列「echo」の中で「for文」を使っていきます。

元の文字列「cry」の文字を減らすには、「cry[i:]」という「スライス」の記法を用いています。

リスト4-22　受け取った文字列を処理しながら表示する

```
echo = """
<b>{{cry}}</b>
%for i in range(len(cry)):
<br>{{cry[i:]}}
%end
<p><a href='/myform/cry'>また叫ぶ</a></p>
"""
```

[4] そして、template関数に文字列「echo」と、文字列「cry」の内容を渡します。

リスト4-23　テンプレートを返す

```
return template(echo, cry=cry)
```

[5] リスト4-21で「#文字列を受け取ったcryをこれから用いる」とコメントしたところに、リスト4-22と、リスト4-23を続けて書きます。

[6]「form.py」を保存し、ブラウザでリスト4-24のアドレスを呼び出します。

リスト4-24　ブラウザで呼び出すアドレス

```
http://localhost:8782/myform/cry
```

＊

第4章で作るページは以上です。
サーバを終了させてください。

呼び出すアドレスが3つしかないので、アドレス一覧の作成は省略します。

＊

次章では、これを使ってみましょう。
一つのアドレスからいろいろなページへ移動した後、最初のページに戻って来られるようなアプリケーションを作ります。

第5章

データベース[その1]

「データベース作成」から「データの追加」まで

「フォーム」が書けるようになったので、いよいよ、「Webアプリケーション」の基本である「データベース・アプリケーション」に進みましょう。
地道な作業ですが、いろいろな用途に使えます。
まずは、データを追加できるようにしましょう。

5-1 「Bottle」で、なぜ「データベース・アプリケーション」なのか

「データベース・アプリケーション」の作成は地道な作業ですし、Pythonでなくても昔からいろいろな言語で書かれています。

その中で、なぜ今、「Bottle」で「データベース・アプリケーション」をやろうとしているのかを説明しましょう。

■「データベース・アプリケーション」とは

まず、「データベース・アプリケーション」が、どのようなものかについて、説明しましょう。

*

「データベース・アプリケーション」は三つの機能からなります。

(1) データが整理されて保存されているサーバ的な「**データベース・ソフトウェア**」。

(2)「データベース・ソフトウェア」に接続して、必要なデータを探したり、新しいデータを追加したり、編集、削除したりする、「**制御プログラム**」。

(3) データの表示画面、入力フォームなどを表示し、制御プログラムと通信する、「**クライアント・プログラム**」。

このうち、(1) は「自分で作る」ということはほとんどなく、「すでに提供されている有償無償のソフトウェア」をそのまま使います。

そして (2) (3) は機能から言えば、別に「Webアプリケーション」でなくてもかまわないはずなのですが、今「データベース・アプリケーション」と言えば、ほとんど「Webアプリケーション」です。

一つ大きな理由となるのは、「データベースがインターネット越しにある場合」です。
そして、インターネットに接続して操作する最も強力なクライアントツールは、「Webブラウザ」です。

「データセンター」がどこにあろうが、とにかく指定した「Webアドレス」を呼び出せばデータを照会できます。

しかし、これまでも作ってきたように、「Webサーバ」が自分のパソコンの中にある「ローカルホスト」でも、「Webブラウザ」でアドレスを指定しながら操作する「Webアプリケーション」は、やはり強力なのです。

その理由は、たとえば以下の通りです。

・手元で簡単に動かせる簡単な「Webサーバ」がすぐに入手できる。

・「リンクのクリック」「フォームの送信」などを使って、操作画面を切り替えるだけでなく、そのタイミングでデータ操作も行なわせることができる。

・入力欄やボタンの配置、メッセージの表示などがHTML文で簡単に書ける。

■「データベース・アプリケーション」の流れ

先に、どんな「データベース・アプリケーション」を作るのか、完成イメージを見ておきましょう。
「Bottle」にかこつけて、在庫管理的な「瓶製品のリスト」を扱うアプリにします。

＊

典型的な「データベース・アプリケーション」では、最初に、「データの一覧ページ」があります。
このページは「IDと製品名」のように、各データを識別しやすい一部の情報しか出しません。

図5-1　典型的な「データベース・アプリケーション」の最初のページ

リストの各項目は、その項目の詳細ページへのリンクになっています。

たとえば、**図5-1**で、「冷水ポット」をクリックすると、**図5-2**のようなデータの詳細ページが開き、「材質」「色」「容量」「価格」などが表示されます。

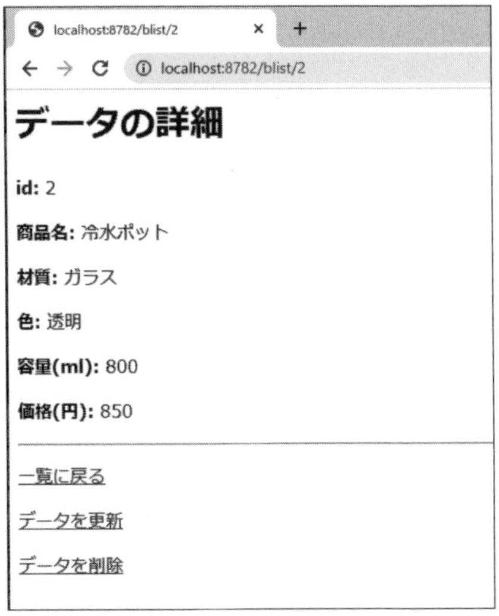

図5-2　データの詳細ページ

図5-2にあるように、すでに登録されているデータは、「内容を更新」したり「データそのものを削除」したりするページにリンクされています。

一方、**図5-1**で「データを追加」というリンクをクリックすると、**図5-3**のようなデータの「新規作成ページ」に入ります。

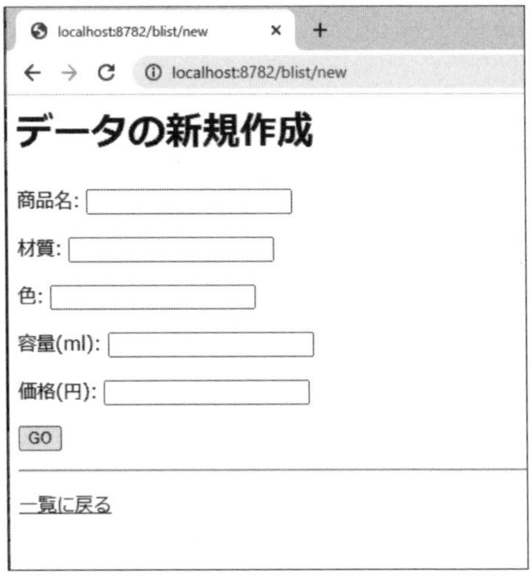

図5-3　データの新規作成ページ

＊

今回作るプログラムを元にして、「家計簿」「Todoリスト」「住所録」「測定データ」など、いろいろな用途のアプリケーションができるはずです。

■なぜ「Bottle」なのか

今の流れをご覧になった方で、もしかすると、「Ruby on Railsみたいだ」と思った方も少なくないのではないでしょうか。

そうです。

200X年代に大反響を巻き起こした「Webフレームワーク」の「**Ruby on Rails**」では、コマンドライン一発でこのような「Webアプリケーション」が自動作成されてしまいます。

筆者も「Ruby on Rails」の解説記事などはずいぶん書きましたが、「Ruby on Rails」なら１行の実行例でできることを、これから２章かけて書いていくことになります。

しかし、「Bottle」でチマチマと書いて完成したものが、**図5-4**に示す１枚の「Pythonファイル」と、１枚の「データベース・ファイル」だとしたら、どうでしょうか。

リスト5-4　2章かけてできるのは、この2つ

これはすごい「モビリティ」ではないでしょうか。

「Ruby on Rails」に詳しくない人もいると思うので、あまりしつこく比較しませんが、「Ruby on Rails」では最初のアプリケーションは数分で作れるものの、それをいざ編集しようとすると、いろいろなフォルダの中にあるいろいろなファイルを、取っ替え引っ替え開くことになります。

しかし、「Bottle」では、ファイル一枚です。

＊

そして、「Bottle」で作る「Webアプリケーション」に必要なライブラリは、すでに「pip」でインストールしてある「bottle」だけです。

「Ruby on Rails」に限らず、世の中の「Webフレームワーク」は、だいたい「依存ライブラリのバージョン競合」のために、２週間前にはできていたものが、その後にネットワーク越しのインストールさえつまずくということがよくあります。

また、プログラミングをしようという人なら、一生に一度くらい「SQL文」(データベースに発行する命令文)や、「データベースとの接続」「データの流れ」などを自分で書いてみたほうが、基礎体力として役立つでしょう。

＊

…ということで、これから作ってみることにしましょう。

5-2 「データベース・ファイル」と「テーブル」の作成

データベースにはPythonの中に備わっている「sqlite3」という「データベース・ソフトウェア」を用います。

この操作は基本的なPythonプログラムですが、他にPythonファイルを作ったりせず、「Bottle」のプログラムの中で行ないます。

■「データベース・ファイル」の作成

手　順 「データベース・ファイル」を作る

[1] ファイル「bottlelist.py」の作成

今作業しているのと同じフォルダに、新しく「bottlelist.py」というファイルを作ります。

そして、最初に、最初の枠組みを、**リスト5-1**のように書きます。

リスト5-1　新しいファイル「bottles.py」の最初の枠組み

```
import sqlite3
from bottle import post, get, request, route, run

#これから長々と書いていく


run(host='localhost', port=8782, reloader=True)
```

リスト5-1では、「sqlite3」をPythonプログラム中で操作するためのライブラリを新たにインポートしています。

それ以外のインポートは**第4章**までの表記とまったく同じです。

[2] 「データベース・ファイル」の作成

先に示したように、「sqlite3」では、データベースを一枚のファイルに記録します。

ですから、データベースのバックアップはこのファイルの複製を行なえばいいですし、データベースを消去したい場合はファイルを消すか、ファイルの名前を変えます。

＊

「データベース・ファイル」を最初に作るためには、データベースに「接続」する「connect」という関数を実行すれば、「なければ新規作成され、あればそれを開く」ことになっています。

そこで、「Bottle」のアプリケーション中では、たとえばブラウザで**リスト5-2**のようなアドレスを呼び出せば、その関数が実行されるようにできます。

リスト5-2　「データベース・アプリケーション」で最初に開くアドレス

```
http://localhost:8782/blist/init
```

＊

コードの考え方の概要は、**リスト5-3**に示した通りです。

ブラウザに「データベースを作成しました」のような文字列が表示されたときには、もうデータベース・ファイル「bottles.db」ができているという具合です。

でも、これでは簡単すぎるので、まだ書いて実行はしないでください。

リスト5-3　関数「init」で行なうことの概要

```
@route('/blist/init')
def init():
    con = sqlite3.connect('bottles.db')
    con.close() #接続は解除しておく
    return 'データベースを作成しました'
```

■「テーブル」を作る文

リスト5-3に示した関数「init」に記述を追加して、以下のところまでやります。

(1) データベースの作成、接続

(2) データベースに「テーブル」を作成

(3)「テーブル」にデータを1件追加

(4) 追加したデータを「テーブル」から読み出す

(5) 読み出したデータを表示

「データベース・アプリケーション」が面倒なのは、「アプリケーションができた」ことを人間が初めて確認できるようになるまでに、以上の5つの工程を経なければならないところです。

そこで、この5つの工程を少しずつ書いていきますが、ある程度進んだところで、実際にプログラムとして書ける形にまとめていくので、それまでは書かずに、見るだけにしてください。

＊

「テーブル」とは「表」です。

「テーブル」を作るには、まず**リスト5-4**のような「テーブル」作成のための「SQL文」を、「文字列」として作ります。

リスト5-4　テーブル作成のための「SQL文」

```
    create_tb = 'CREATE TABLE bottles('+¥
'id INTEGER PRIMARY KEY AUTOINCREMENT, name TEXT NOT NULL, '+¥
'material TEXT NOT NULL, color TEXT NOT NULL, '+¥
'ml INTEGER NOT NULL , price INTEGER NOT NULL)'
```

リスト5-4は、「文字列」が長いので、4つの部分に区切り、「"」で囲んだ文字列を、「+演算子」で加算する形で書いています。

さらに、「行」も区切ってあるので、Pythonでは、改行記号「¥」が必要です。

＊

この「SQL文」について解説します。

「bottle」という名前のテーブルを作る大枠は、以下の通りです。

```
CREATE TABLE bottles(列名と列のデータ型と備考)
```

「SQL文」は「小文字」でもかまわないのですが、「SQL文」であることを示すために「大文字」で書く慣習があります。

一方で、「テーブル名」のように自分で命名するものは「小文字」で書きます。

＊

「列のデータ型と備考」は、「id」という名前の列については、以下のように説明してあります。

・**INTEGER**

「データ型」は整数。

・**PRIMARY KEY**

「プライマリ・キー」と呼ばれる「キー文字列」で、各行の識別となる値。
他の行と重複してはならない。

・**AUTOINCREMENT**

行を追加するたびに自動で数を増やして追加してくれる。
ただし、一度追加した行を削除すると永久欠番となる。

また、「name」という名前の列については、以下のように説明してあります。

・**TEXT**

データ型は「文字列」

・**NOT NULL**

「空《カラ》」の値は許されない。
とくにプログラミングでは「ヌル値」(PythonではNone値)の値が読み出されると厄介なこともあるので、つけておく。
ただし、「"」は文字列なので、OK。

リスト5-4では、他に「material, color, ml, price」という列を記述してあります。

最終的に、SQLの文字列は「create_tb」という文字列に渡しています。

＊

Pythonプログラムでこの「SQL文」を実行するには、まず**リスト5-3**で取得した変数「con」に対して、**リスト5-5**のように「cur」を得ます。

リスト5-5 「con」から「cur」を得る

```
cur = con.cursor()
```

この「con」は「データベースへの接続オブジェクト」、「cur」は「カーソル・オブジェクト」を表わしますが、ファイルにデータを書き込む「sqlite3」では、ちょうど「con」が「ファイル・オブジェクト」のようなものと考えればよいと思います。

「cur」は、まさにそのファイルを読み書きする「カーソル」です。

この「カーソル・オブジェクト」に「SQL文」を実行させますが、まだ続きがあります。

リスト5-6 「cur」にSQL文を実行させる「カーソル・オブジェクト」のメソッド。

```
cur.execute(create_tb)
```

■実行を確定する

実は、**リスト5-6**の「executeメソッド」だけでは、まだ本当に実行されていません。

「データベース・アプリケーション」では、複数の使用者の操作の競合を避けるために、関係のある処理をまとめて実行する、「commit」というメソッドがあります。

＊

「commit」は「接続オブジェクト」のメソッドです。
言ってみれば、「カーソル・オブジェクト」の「executeメソッド」は「ファイルへの書き込み」で、接続オブジェクトの「commit」は「ファイルの保存」のようなものです。

リスト5-6に続けて**リスト5-7**のように書けば、ファイル「bottles.db」の中に「テーブル」の情報が書き込まれます。

なお、「データベース・ファイル」の内容は「バイナリ・データ」なので、直接開いても読めません。

リスト5-7 実行を確定してファイルに書き込む。接続オブジェクトのメソッドなので、注意

```
con.commit()
```

＊

このように、データベースの操作には、**(A)接続オブジェクト「con」で行なうもの**と、**(B)カーソル・オブジェクト「cur」で行なうもの**があるので、混同しないように注意してください。

関数「init」の記述は**次節**以降も続きます。

5-3 データを追加

データベースに「テーブル」は追加しましたが、まだデータが入っていないので、作れたかどうかもよく分かりません。

そこで、この「テーブル」に、関数「init」中で、データを1件追加します。

■データを追加する関数を別途作成

今は1件追加するだけのテストですが、このあと本格的にデータを追加していくことを考えると、関数「init」中に直接「SQL文」を書くのではなく、「データを追加する関数」を別に作って、それを呼び出すほうが後々楽です。

そこで、ルーティングのない関数として**リスト5-8**のような関数「insert」を作ります。

リスト5-8　ルーティングのない関数「insert」

```
def insert(cur, name, material, color, ml, price):
    insert_str = 'INSERT INTO bottles(name, material, color,'+¥
' ml, price) '+¥
'VALUES (?,?,?,?,?)'
    cur.execute(insert_str, (name, material, color, ml, price))
```

関数「insert」は、「executeメソッド」を実行する「カーソル・オブジェクト」を想定した「cur」も引数にとっています。

＊

さて、**リスト5-8**中では、変数「insert_str」に、データを追加する「SQL文」が渡されています。

その前半では、値を与える列名を順番に書いています。

「SQL文」では、列そのものの順番は流動的なので、当たり前のように見えても順番を書かないといけません。

以下の部分です。

```
INSERT INTO bottles(name, material, color, ml, price)
```

リスト5-8の「SQL文」では、続けてこの各列に値を与えるのですが、以下のように「?」記号であとから埋め込む形になっています。

列の数と「?」の数は合っていなければなりません。

```
INSERT INTO bottles(name, material, color, ml, price) VALUES(?,?,?,?,?)
```

実際の値は、タプルの形で、「executeメソッド」に引数として渡します。

なお、「id」の列名がまったく無視されていますが、それでいいのです。

「id」の値はこの5つの列の値を追加すれば、自動で入力してくれます。

■最初のまとめ

だいぶ長くなったので、まずここまでをまとめましょう。

リスト5-9にここまでの全文を示します。

ただし、まだ、ファイル「bottlelist.py」の実行はしないで、「Bottle」のファイルの書き方としてどのような構造になっているかを確認してください。

リスト5-9　ここまでの「bottlelist.py」全文。まだ実行しないでください

```
import sqlite3
from bottle import post, get, request, route, run, template

###データベース作成と確認、最初のみ###
@route('/blist/init')
def init():
    #テーブル作成の文はここでしか使わない
    create_tb = 'CREATE TABLE bottles('+¥
'id INTEGER PRIMARY KEY AUTOINCREMENT, name TEXT NOT NULL, '+¥
'material TEXT NOT NULL, color TEXT NOT NULL, '+¥
'ml INTEGER NOT NULL , price INTEGER NOT NULL)'

    #接続
    con = sqlite3.connect('bottles.db')

    #カーソル取得
    cur = con.cursor()

    #テーブル作成
    cur.execute(create_tb)

    #作成した関数insertを用いてデータを1件追加
    insert(cur, 'アイスピッチャー', 'ガラス', '透明', 2000, 1200)

    #まとめてコミット
    con.commit()

   #接続解除
    con.close()

    #今はまだ何も表示を設定しない
    return

###データベース操作###

##新規作成
def insert(cur, name, material, color, ml, price):
    insert_str = 'INSERT INTO bottles(name, material, color, ml, price) '+¥
'VALUES (?,?,?,?,?)'
    cur.execute(insert_str, (name, material, color, ml, price))

###おなじみWebサーバの起動
run(host='localhost', port=8782, reloader=True)
```

5-4 「テーブル」のデータを読み出す

いよいよ、「テーブル」に追加したデータを読み出します。

これがうまくいけば、今までのコードが本当に正しく書けているかどうかが分かります。

■「テーブル」のデータを全部読み出す関数

こんどは、「テーブル」のデータを全部読み出す関数「select_all」を別途作っておきましょう。

今は1件だけですが、他の場合にも使っていきます。

リスト5-10が関数「select_all」です。

リスト5-10　関数「select_all」

```
#全選択
def select_all (cur):
    select_str = 'SELECT * FROM bottles'
    cur.execute(select_str)
    return cur.fetchall()
```

リスト5-10で書かれている「SQL文」は非常に短くて分かりやすく、わざわざ抜き出すほどもないでしょう。

また、「読み出し」は他の使用者に影響を与えないので、「コミット」の必要はありません。

ただし、「executeメソッド」だけでは読み出した結果を受け取ることができないので、そのあと「カーソル・オブジェクト」の「fetchallメソッド」で、各列の値をPythonのListオブジェクトとして取得します。

そのため、**リスト5-11**の「戻り値」は「文字列」のリストになります。

関数「select_all」の定義は、**リスト5-9**の中で、関数「insert」の記述の後ろにあたる位置に書いておいてください。

■関数「init」の完成

関数「init」を完成させましょう。

リスト5-11のようになります。

ただし、ちょっと追加事項があるので、あとで説明します。

リスト5-11　関数「init」が完成

```
###データベース作成と確認、最初のみ###
@route('/blist/init')
def init():
    #念のため
    drop_tb = 'DROP TABLE IF EXISTS bottles'

    #テーブル作成の文はここでしか使わない
    create_tb = 'CREATE TABLE bottles('+¥
'id INTEGER PRIMARY KEY AUTOINCREMENT, name TEXT NOT NULL, '+¥
'material TEXT NOT NULL, color TEXT NOT NULL, '+¥
'ml INTEGER NOT NULL , price INTEGER NOT NULL)'

    #接続
    con = sqlite3.connect('bottles.db')
    #カーソル取得
    cur = con.cursor()

    #テーブルを新規作成
    cur.execute(drop_tb)
    cur.execute(create_tb)

    #作成した関数insert
    insert(cur, 'アイスピッチャー', 'ガラス', '透明', 2000, 1200)

    #3件まとめてコミット
    con.commit()

    #作成した関数select_all
    blist =select_all(cur)

    #接続解除
    con.close()

    #成功したら
    if len(blist) > 0 :
        tplt = """
            <p>テーブルbottlesを作成しました</p>
            <p>
            %for cell in blist[-1]:
            {{cell}},
            %end
            </p>
            """
        return template(tplt, blist=blist)

    #失敗したら
    return ('初期化操作失敗')
```

■「テーブル」を削除する記述

追加してあるのは、“「テーブル」をいったん削除するための記述”です。

＊

というのも、このあと、ファイルを実行してブラウザで**リスト5-2**を呼び出したときに、「記述漏れ」やいろいろな「エラー」が出るかもしれません。

Pythonは、実行できるところまでは実行するので、「テーブルを作ることはできたがデータを追加できなかった」「データまで追加できたが表示できなかった」というような間違いが起こると、「テーブル」が残ってしまいます。

同じ「テーブル」は二つ作れませんが、このとき、「テーブル」だけ削除すれば、「データベース・ファイル」はそのまま使えます。

そこで、**リスト5-11**の関数「init」の最初のほうに「念のため」とコメントしてある内容を見てください。

```
#念のため
drop_tb = 'DROP TABLE IF EXISTS bottles'
```

「drop_tb」の内容は、“テーブル「bottles」がもし存在したら削除する”という「SQL文」です。

存在しなければ、実行しても無視されます。

そのため、**リスト5-11**の関数「init」では、以下の3件の書き込み操作をまとめてコミットします。

- 「テーブル」を削除するための「drop_tb」の実行
- 「テーブル」を作る「create_tb」の実行
- 関数「insert」の中で行なわれるデータの追加

■ブラウザに表示させてみよう

リスト5-11の関数「init」中で、ブラウザに表示させる内容を戻すテンプレートでは、以下の「for文」の箇所に注意してください。

```
%for cell in blist[-1]:
    {{cell}},
%end
```

「カーソル・オブジェクト」の「fetchallメソッド」で戻されるのは「行のリスト」で、各「行」は「列のリスト」です。

今入ったいちばん新しい行は、リストのいちばん「最後」になります。

今は、1行しかデータがないので、「最初」でも同じなのですが、その1行を直接取り出して、各列の値を取り出すループにしています。

＊

以下の記述を確認してください。

(1) リスト5-11の関数「init」

(2) リスト5-8の関数「insert」

(3) リスト5-10の関数「select_all」

これらが全部書いてあるのを確認したら、「bottlelist.py」を保存して、実行します。

＊

ブラウザで、リスト5-2のアドレスを開いてみましょう。

ファイル「bottlelist.py」と同じ箇所に「bottles.db」ファイルができて、ブラウザに図5-5のように表示されたら、おめでとうございます。

データベースアプリとしてはかなりの進捗度です。

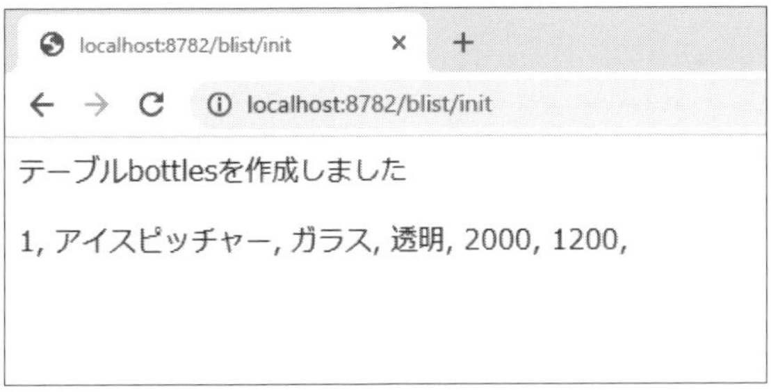

図5-5　これが表示されたらかなりの進捗度

5-5 「テーブル」にデータを追加するフォーム

テストプログラムでは、「テーブル」に追加する行の各列の値を、プログラム中に直接書き込みました。

これを「Webフォーム」からできるようにしましょう。

本章では最低限の記述にしておきます。

■フォームからデータを追加する考え方

リスト5-11の関数「init」はあくまでもテストが目的だったので、関数「insert」も以下のように引数に直接決まった値を渡していました。

```
insert(cur, 'アイスピッチャー', 'ガラス', '透明', 2000, 1200)
```

これからは、「Webフォーム」から入力できるようにしましょう。

それには、実際の「HTML文」でフォームの中が以下のようになってほしいのです。

```
<input type='text' name='name'>
<input type='text' name='material'>
<input type='text' name='color'>
<input type='text' name='ml'>
<input type='text' name='price'>
```

そして、プログラムの中で以下のようにパラメータを受け取って関数「insert」に渡します。

最初に表示されるページは**図5-3**を参照してください。

ここには以下のような内容があります。

```
name=request.forms.getunicode('name')
material=request.forms.getunicode('material')
color=request.forms.getunicode('color')
ml=request.forms.get('ml')
price=request.forms.get('price')

   .....
insert(cur, name, material, color, ml, price)
```

しかし、フォームは新規作成時だけでなく、データの更新時にも使いたいので、テンプレート文字列を出力する関数「form_template」を**次項**で作ります。

■フォームのテンプレート文字列を出力する関数

手 順　テンプレート文字列を出力する関数を作る

[1] フォームには「ラベル」がないとどこに何を入れればいいか分かりません。

そこで、「ラベル」と「パラメータ名」を関連づけるタプルのリスト「CLMS」を、どの関数の中でもないグローバルな位置に置きます。

リスト5-12の通りです。

リスト5-12　「ラベル」と「パラメータ名」を関連づける「CLMS」

```
##テンプレート作成に必要なグローバル
CLMS=[('name', '商品名'), ('material', '材質' ), ('color', '色'),
    ('ml', '容量(ml)'), ('price', '価格(円)')]
```

[2] 関数「form_template」では、「CLMS」を用いて**リスト5-13**のように書きます。

テンプレート文字列を出力させるだけなので、ルーティングはありません。

リスト5-13　関数「form_template」

```
##フォーム
def form_template():
    tplt = """
    %for i in range(len(clms)):
      <p><label for='{{clms[i][0]}}'>{{clms[i][1]}}:</label>
      <input type='text' id='{{clms[i][0]}}' name='{{clms[i][0]}}'
      size='20'></p>
    %end
    <input type='submit' value='GO'>
    """
    return tplt
```

リスト5-13に埋め込まれている変数「clms」には、テンプレートを用いる際に「CLMS」を渡すようにします。

すると、「for文」の繰り返しで「i=0」であれば、「clms[i][0]」は「CLMS[0][0]」になるので、ラベル「'名前'」が取り出されます。

＊

一方、「clms[i][1]」は「CLMS[0][1]」になるので、パラメータ名「'name'」が取り出されます。

そこで、実際のHTML文は以下のようになります。

```
<p><label for='name'>名前:</label>
<input type='text' id='name' name='name'
 size='20'></p>
```

これが「CLM」の5つの要素について繰り返され、5つの入力欄が完成します。

ただし、関数「form_template」は「<form>タグ」までは出しません。

フォームによって送信先が違うからです。

■「入力フォーム」を表示するページ

「入力フォーム」を表示するページを記述する関数「new」を、**リスト5-14**のように書きます。

最終的なテンプレートには「<form>タグ」を追加して、自分自身のアドレスに送信するようにします。

リスト5-14 「入力フォーム」を表示する関数「new」

```
@get('/blist/new')
def new():
    tplt = """
    <h1>データの新規作成</h1>
    <form action ='/blist/new' method = 'POST'>
    %s
    </form>
    """ % form_template()

    return template(tplt, clms=CLMS)
```

リスト5-14では、「"""」で囲まれた文字列の中にある「%s」に、関数「form_template」の戻り値を入れるようにしてあります。

図5-6に示す普通のPythonの文字の埋め込み処理です。

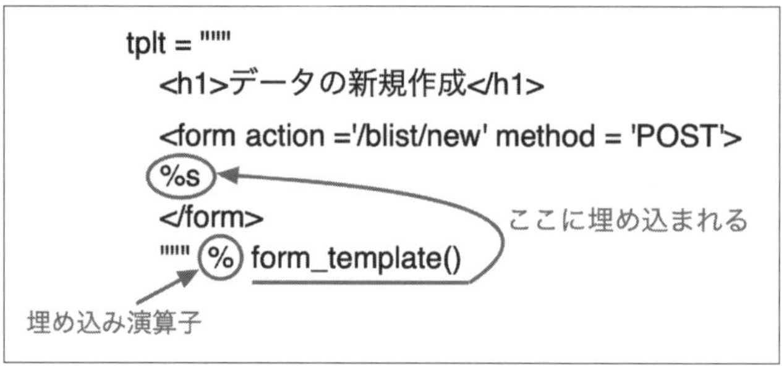

図5-6 Python標準の埋め込み法も使う

ブラウザで**リスト5-15**のアドレスを呼び出すと、基本的には**図5-3**のようなページが表示されます。

ただし、他のページへのリンクはまだ記述していません。
これは**第6章**でやりましょう。

まだ送信後の処理を書いていないので、「GOボタン」は押さないでください。

リスト5-15 「入力フォームを表示するアドレス

```
http://localhost:8782/blist/new
```

■送信された「パラメータ」を受け取る関数

同じアドレスに送信された「パラメータ」を受け取って、定義済みの関数「insert」を用いてデータベースに追加する関数「added_new」を作ります。

デコレータを「post」にして、アドレスは**リスト5-15**と同じにします。

リスト5-16では、データを追加するところまでを記してあります(まだ途中です)。

リスト5-16　関数「added_new」、データを追加する処理まで

```
@post('/blist/new')
def added_new():
    #フォームのパラメータ取得
    name=request.forms.getunicode('name')
    material=request.forms.getunicode('material')
    color=request.forms.getunicode('color')
    ml=request.forms.get('ml')
    price=request.forms.get('price')

    #データベース接続・カーソル取得
    con = sqlite3.connect('bottles.db')
    cur = con.cursor()

    #insert関数を用いてデータを追加
    insert(cur, name, material, color, ml, price)
    con.commit() #毎回コミット
```

リスト5-16では「コミット」が必要な操作は、insert関数の1度だけです。

それでも、「コミット」は必ず行ないます。

■正常に保存されたことを示すには

図5-7(左)のように入力して「GOボタン」を押したら、**図5-7(右)**のように、最低でも保存されたデータを確認するコードまで書くことにします。

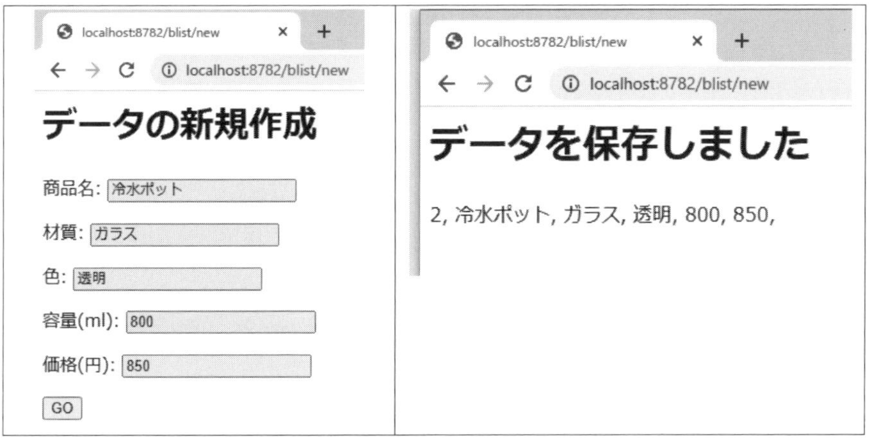

図5-7データの追加(左)とその最低限の報告(右)

今追加したデータを表示する方法は、関数「init」ですでにやっています。

そこで、**リスト5-16**に続けて**リスト5-17**まで書いて、関数「added_new」は完成です。

＊

リスト5-17　あとは関数「init」とまったく同様

```
    blist= select_all(cur)
    con.close() #接続解除

    tplt = """
    <h1>データを保存しました</h1>
            <p>
            %for cell in blist[-1]:
            {{cell}},
            %end
            </p>
    """
    return template(tplt, blist=blist)
```

■本章最後のまとめ

本章では、以下の「関数」、および「グローバルな値」を作りました。

・関数

関数名	機　能	ルーティング先(http://localhost:8782)
init	データベース作成、テーブル作成、データ一件追加、テスト表示。 アプリケーション開始時に一回だけアクセスする	/blist/init
new	新しいデータの送信	/blist/new (GET)
added_new	送信されたデータをテーブルに追加、追加成功を報告	/blist/new (POST)
insert	テーブルにデータを追加	なし
select_all	テーブルのデータ全選択	なし
form_template	フォームを記述するテンプレート文字列を作成	なし

・グローバルな値

CLMS　テンプレートのラベルとパラメータを関連づけるタプルのリスト

これらの「関数とグローバル値は、「bottlelist.py」でたとえば以下のように配置すると、分かりやすいでしょう。

次章で関数を増やしますが、このようにまとめていきます。

```
import sqlite3
from bottle import post, get, request, route, run

###ページを表示させる関数
init
new
```

```
added_new

###テンプレート関係
CLMS
form_templeate

###データベース操作
insert
select_all


run(host='localhost', port=8782, reloader=True)
```

■ファイルを実行してデータを操作

　では、実際にデータを追加する操作を行ないましょう。

手　順　データを追加する

[1] ここまで書いたファイル「bottlelist.py」を保存したら、ブラウザで**リスト5-15**のアドレス「'/blist/new'」を開きます。

[2] 図5-7（左）のようなフォームが出たら、データを入力し、「Go」ボタンを押します。

[3] 図5-7（右）のように表示されたら、成功です。

　次章に進み、続けてデータを追加したり、データの一覧を見たりというページを作って、「Bottle」による「データベース・アプリケーション」を完成させましょう。

Tips　**データの追加に失敗したら**

　図5-7のフォームからデータを送信したとき、**図5-7**右の結果が出る前にエラーが表示されることがあります。
　多くの場合、データベースへの追加はなされていますが、結果の表示に失敗しています。

　そこで、やり直すには、まず、**リスト5-2**の「'/blist/init'」のページからやり直して、テーブルを初期化してから、**リスト5-15**の「'/blist/new'」ページをお試しください。

　しかし、今のままでは不便なので、あまりがんばらずとも、**次章**に進んでページの移動が楽になってからでも修正できます。

第6章

データベース[その2]
データをいろいろに操作する

「データベース」と「テーブル」を作り、データを追加できるようになりました。
そこで、データをいろいろに操作するページを完成させて、使いやすくしましょう。
「テンプレート」や「関数」を賢く使って、「コード」をなるべく簡単にします。

6-1 データ一覧

「データベース・アプリケーション」の最初のページであり、花形とも言えるのが、「データの一覧ページ」です。

データを追加していくたびに、一覧の内容が増えていく楽しさがあります。

■データを全部読み込む

この「データベース・アプリケーション」のトップページともなるべきアドレスが、「'/blist'」で、そこにルーティングされるのが、「データ一覧ページ」を表示する関数、「get_list」です。

*

データベースに接続して、すべてのデータを読み込んで、変数「blist」に渡すまでが、**リスト6-1**です。

「データの読み込み」には、**リスト5-10**の関数「select_all」を用いています。

リスト6-1　関数「get_list」。データを全部読み込むところまで。

```
##一覧##
@route('/blist') #トップページ扱い
def get_list():

    #データベース接続・カーソル取得・
    #データ取得・解除
    con = sqlite3.connect('bottles.db')
    cur = con.cursor()
    blist = select_all(cur)
    con.close()

    #これから表示に入る
```

■読み込んだデータを表示

「読み込んだデータ」では、「行」は全部表示します。

一方、各行についての「列」はたくさんあるので、全部は表示せず、「id」と「name」の列だけ表示することにします。

とすると、「列見出し」は与えなくてもいいでしょう。

＊

基本的には、以下のようになります。

```
<table>
    %for b in blist:
        <tr>
            <td>{{b[0]}}</td>
            <td>{{b[1]}}</td>
        </tr>
    %end
</table>
```

「blist」の各要素の「0番目」と「1番目」の要素だけをHTMLのテーブル形式で表示させます。

しかし、これだけでは不充分です。

ただ内容を表示させるだけでなく、**「名前」にあたる「b[1]」を表示させる列をクリックすると、その名前の製品の詳細ページにリンクする**ようにしたいのです。

そこで、**次項**で説明するように、少し凝ることになります。

■名前をクリックして詳細ページへ

第4章でも行なったとおり、ページ「'/blist'」に表示されているリストで、「id」が「1」である項目の詳細を示すページは、「'/blist/1'」になるようにするのが「データベース・アプリケーション」のお作法です。

そこで、「b[1]」を表示するセルの設定は**図6-1**のようになります。

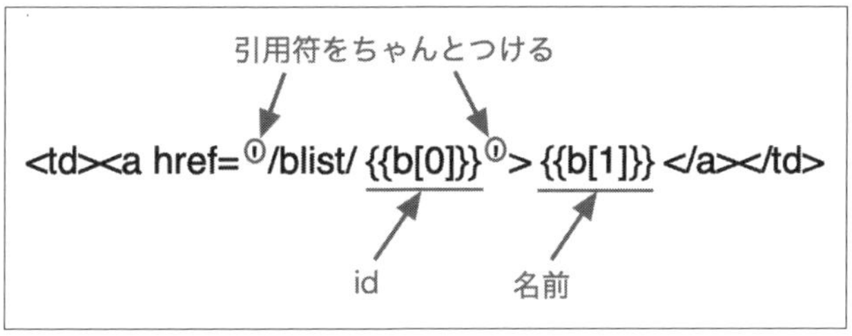

図6-1　名前をクリックして詳細ページへ

■新規作成ページへのリンクをつける

また、この「一覧ページ」から、**リスト5-14**で作った新規作成ページのアドレス「'/blist/new'」へのリンクをつけると便利です。

ということで、テンプレートの部分を**リスト6-2**のように書いて、「一覧ページ」を記述する関数「get_list」は完成です。

リスト6-2　リスト6-1に続けて書いて、関数「get_list」は完成

```
tplt = """
<h1>ボトルリスト</h1>
<p><a href='/blist/new'>データを追加</a></p>
<hr>
<table>
%for b in blist:
    <tr>
        <td>{{b[0]}}</td>
        <td><a href='/blist/{{b[0]}}'>{{b[1]}}</a></td>
    </tr>
%end
</table>
"""
return template(tplt, blist=blist)
```

ファイルを保存して、ブラウザで**リスト6-3**のアドレスを呼び出してみましょう。

リスト6-3　一覧ページを呼び出すアドレス

```
http://localhost:8782/blist
```

第5章の中でデータを2件入れましたから、**図6-3**のように表示されるはずです。

ボトルの名前のところにリンクの下線がありますが、まだ詳細ページを作っていないので、クリックしないでください。

「ページが見つからない」エラーになります。

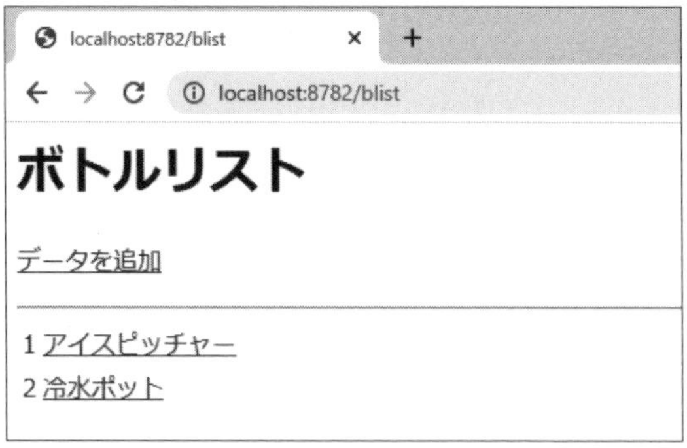

図6-2　一覧ページ完成。まだクリックしてはいけません

6-2　データ詳細

データの一覧ページで、各データをクリックすると、そのデータの内容がすべて表示されるページを作りましょう。

「テンプレート文字列」を作る関数も作ります。

■データの内容を日本語ラベルとともに表示するテンプレート

リスト5-11の関数「init」や**第5章**の時点では、とりあえず作った関数「added_new」のテンプレートは、ただ各列の値を列記するだけでした。

それでは不親切なので、**図5-2**に示したように「名前」「素材」「色」など日本語ラベルとともに表示するページにしましょう。

＊

そのために、テンプレートを作る関数「detail_template」を**リスト6-4**のように定義します。

リスト6-4中に埋め込んだ変数「clms」には、**リスト5-12**で作ったグローバルなリスト「CLMS」を渡す想定です。

リスト6-4　関数「detail_template」

```
#詳細
def detail_template():
    tplt = """
    <p><b>id: </b>{{btl[0]}}</p>
    %for i in range(len(clms)):
    <p><b>{{clms[i][1]}}: </b>{{btl[i+1]}}</p>
    %end
    <hr>
    <p><a href='/blist'>一覧に戻る</a></p>
    """
    return tplt
```

関数「detal_template」のテンプレートは、**リスト5-13**の関数「form_template」と似ていますが、以下のような新しい点があります。

・埋め込む変数の名前が「blist」ではなく、「btl」になっています。

この変数に渡すのは、データベースから「id」を指定して読み出す1件のデータだからです。

・「btl[0]」に相当する「id」の「ラベル名」は、リスト「CLMS」に置いてありません。

そこで、「for文」では「CLMS」のインデックス「i」に対して、「btl」のインデックスは「i+1」が対応します。

なお、「blt[0]」の値は表題に埋め込みます。

・閲覧するだけなので、列名にあたる「clms[i][0]」は今回は用いません。

ラベル名である「clms[i][1]」のみ用います。

詳しい説明は**図6-3**をご覧ください。

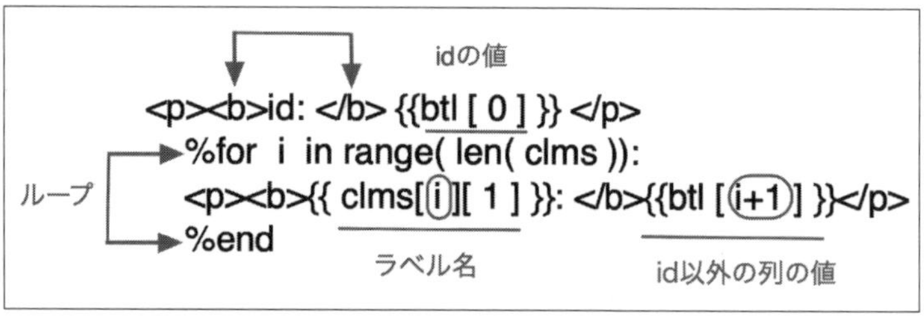

図6-3　関数「detail_template」の特徴的な記法

なお、**リスト6-4**に記したHTML文の最後には、一覧ページへ戻るリンクがついています。

■「id」でデータを1件読み出す

「SQL文」では、特定の列の値でデータを検索できます。

その中で最もよく用いられるのは、「プライマリ・キー」である列の値での検索です。
商品名をクリックしてカートに入れるときのように、1件だけを特定できるからです。

そこで、このアプリケーションでも、「プライマリ・キー」である「列id」の値でデータを1件だけ読み出す関数を書きます。
「列id」が「プライマリ・キー」だという点については、**リスト5-4**の説明をご覧ください。

＊

データを1件読み出すのは、**リスト6-5**の関数「select_by_id」です。

引数に「カーソル・オブジェクト」を想定した「cur」と、「列id」の値を想定した「id」をとります。

「戻り値」はテーブル「bottles」から読み込んだ1件の「行データ」です。

リスト6-5　関数「select_by_id」

```
#1件選択
def select_by_id(cur, id):
    select_str = 'SELECT * FROM bottles WHERE id= ?'
    cur.execute(select_str, id)
    return cur.fetchone()
```

リスト6-5の中で、「SQL文」は変数「select_str」に渡された文字列の中身で、以下の部分です。

```
 'SELECT * FROM bottles WHERE id= ?
```

ほとんど、日常の英語のような文ですから、意味は分かりやすいですね。

「?」という記号のところには、「executeメソッド」の実行時に、この関数「select_by_id」に引数として渡された「id」の値を渡します。

「全選択」を行なった**リスト5-10**の関数「select_all」では、すべてのデータを得る「SQL文」を実行後に「fetchallメソッド」ですべてのデータをリストで取得しました。

それに対して、この「SQL文」は「1件だけ」を得るものなので、取得メソッドにも「fetchone」を用います。

詳しい説明は**図6-4**をご覧ください。

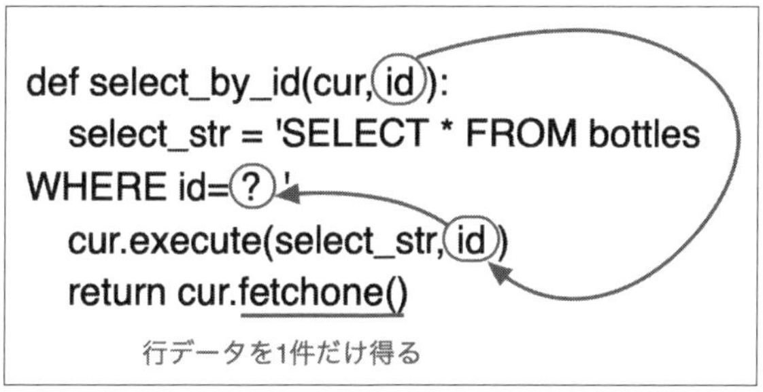

図6-4　関数「select_by_id」における引数「id」の流れと「fetchoneメソッド」

■詳細ページの記述は動的ルーティング

最後に、詳細ページの記述に、**第3章**でよく行なった「動的ルーティング」を用います。

リスト6-6の関数「show_detail」は、まずはデータを読み込むまでの部分を記しています。

リスト6-6　動的ルーティングを行なう関数「show_detail」。まずはデータを読み込むまで。

```
##詳細##
@route('/blist/<id>')
def show_detail(id):
    con = sqlite3.connect('bottles.db')
    cur = con.cursor()
    btl = select_by_id(cur, id)
    con.close()

    #このあとデータを表示
```

リスト6-6において、「ルーティング・アドレス」および引数として与えられた「id」の値から、データを1件取り出して、変数「btl」に渡すまで、の流れを**図6-5**に示します。

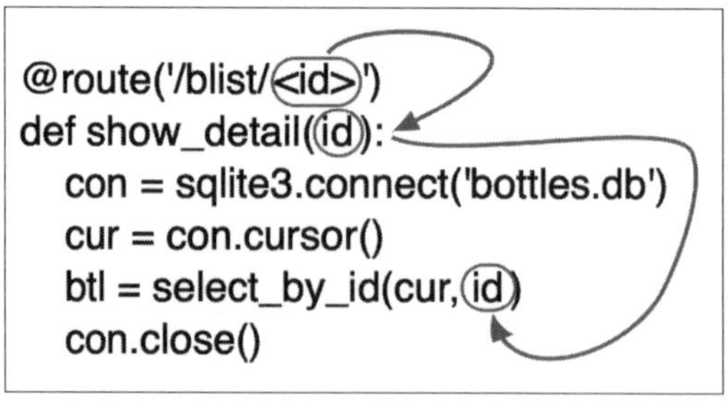

図6-5　関数「show_detail」の「ルーティング・アドレス」および引数「id」が「btl」に渡るまで

このようにしてデータを得たので、**リスト6-4**で定義した関数「detail_template」を用いてテンプレートを作り、「return」でテンプレートを戻します。

＊

リスト6-7に示すとおりです。

最初に見出しをつけるだけで、関数「detail_template」の戻り値を単純に加算します。

リスト6-7　詳細ページのテンプレートを戻して関数「show_detail」の完成

```
    tplt = """
    <h1>データの詳細</h1>
    """ + detail_template()

    return template(tplt, clms = CLMS, btl = btl)
```

リスト6-6に続けて**リスト6-7**を書けば、関数「show_detail」は完成です。

■「マスター・ディテール」の流れが完成

ファイルを保存します。

図6-2で項目「アイスピッチャー」や「冷水ポット」の名前をクリックしてください。
図5-2に示したような詳細画面で、一つの行データについて全部の列の値が見られます。

＊

このように、すべての行データの「見出し的な一覧」から、それぞれをクリックして詳細ページに行く流れを、「**マスター・ディテール**」と言い、データ表示の基本的な流れになっています。

■データ追加のページでもテンプレートを使う

関数「detail_template」によって「ラベル」と「列の値」を表示するテンプレートが出来たので、データを追加する**リスト5-16**～**リスト5-17**の関数「added_new」を編集して、「detail_template」を用いてページを記述することにしましょう。

リスト5-17で、以下の部分を置き換えます。

・変数「tplt」の内容を、関数「detail_template」を使ったものに置き換える。

・テンプレートに渡すデータの内容を、「blist」全部ではなく、「blist[-1]」で得られる1件にする。

これが**リスト6-8**です。

リスト6-8 関数「added_new」でリスト5-17の内容を書き換える

```
tplt = """
<h1>データを保存しました</h1>
""" + detail_template()

return template(tplt, clms=CLMS, btl = blist[-1])
```

リスト5-7との該当部分の比較を**図6-6**に示します。

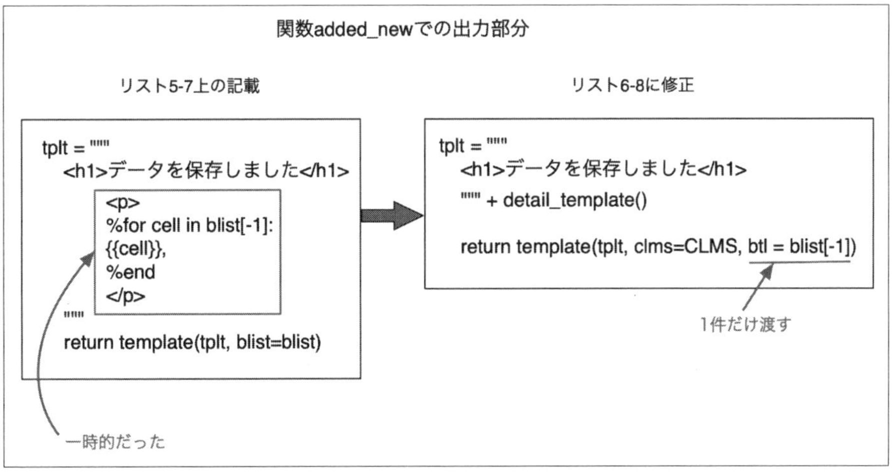

図6-6 関数「added_new」で出力を行なう部分の記述を修正

■データの一覧と追加の機能まとめ

以上の記述により、データの追加がしやすくなったはずです。

ここまでで追加した関数は以下のとおりです。

・追加した関数

関数名	機 能	ルーティング先 (http://localhost:8782)
get_list	すべての行データを一覧表示。 ただし、見出し的な一部の列だけを表示。 データベース・アプリケーションの入り口。	/blist
show_detail	一覧ページの各データをクリックして開く詳細閲覧ページ。 次節以降で説明する更新、削除操作の入り口。	/blist/<id>
select_by_id	テーブルのデータを「id」により１件選択	なし
detail_template	詳細ページのテンプレート文字列を作成。 データ追加後のページでも利用。	なし

これらの関数の「bottlelist.py」上での位置は以下のとおりです。

```
import sqlite3
from bottle import post, get, request, route, run

###ページを表示させる関数
init
get_list
show_details
new
added_new

###テンプレート関係
CLMS
form_template
detail_template

###データベース操作
insert
select_all
select_by_id


run(host='localhost', port=8782, reloader=True)
```

また、変更した関数は以下の通りです。

・変更した関数

関数名	変更内容
added_new	データ追加成功の報告にdetail_templateのテンプレートを使用

ファイルを保存し、**図6-7**のような操作の流れを確かめてください。

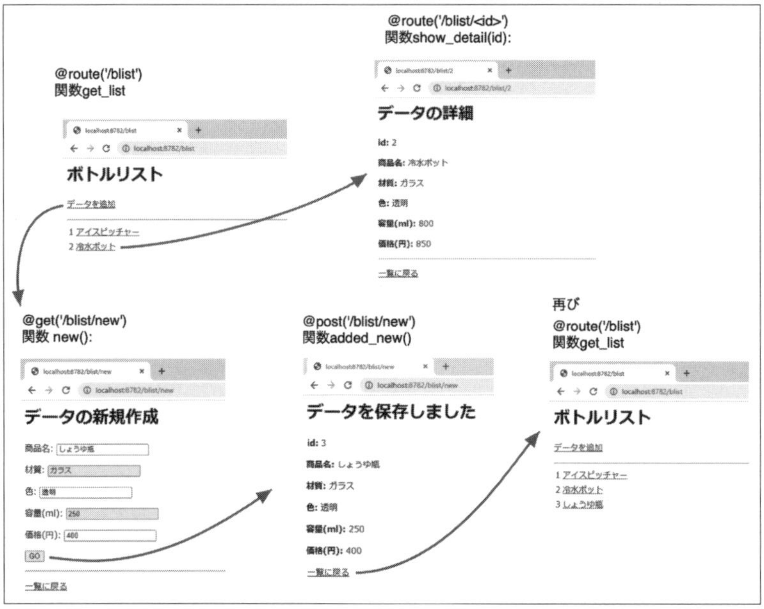

図6-7　データを一覧しながら追加していく、操作の流れ

6-3　データ更新

データの内容を変更できる仕組みと操作画面を作りましょう。

「SQL文」を用いる「データベース・アプリケーション」では、どの列を更新しても受け付けられるように、全部の列を更新するように作るのが普通です。

■データの更新をする流れ

「データベース・アプリケーション」でデータを更新するページは、すべて、アドレスに「id」を含む動的ルーティングです。

そして、もっとも基本的な流れは、以下の通りです。

(1)更新したいデータの詳細ページから、更新フォームへ進む。

(2)更新フォームには、現時点でのデータが初期値として入っている。

(3)更新したい内容だけを更新して、フォームを送信する。

(4)更新された内容も、されていない内容も、全部上書きする。

(5)更新後、詳細ページと同じ内容を表示する。

■行データを更新する

まず、データベースの行データ更新用の「SQL文」を実行する関数「update」を、**リスト6-9**のように作ります。

引数は、カーソル・オブジェクトを想定した「cur」と、「id」も含めたすべての列名のデータです。

リスト6-9　関数「update」

```
def update(cur, id, name, material, color, ml, price):
    upd_str = 'UPDATE bottles SET name=?, material=?, ' + ¥
'color=?, ml=?, price=? WHERE id = ?'
    cur.execute(upd_str, (name, material, color, ml, price, id) )
```

リスト6-9の「SQL文」は以下の通りです。

「WHERE」を最後につけて、「id」の値で行データを調べます。

```
UPDATE bottles SET name=?, material=?, color=?, ml=?, price=? WHERE id
= ?
```

＊

そこで、関数updateの引数ではすべての列の筆頭で渡される「id」ですが、「executeメソッド」に渡す列名のタプルの中では最後に置かれます。

少し面倒な形になっているので、**図6-8**で詳しく示します。

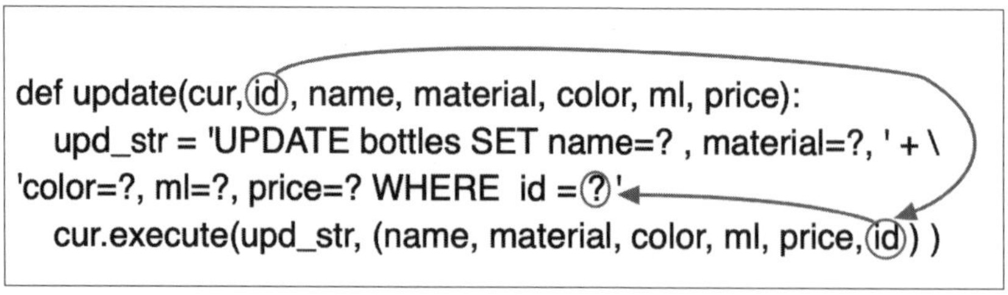

図6-8　関数「update」で引数「id」が渡される流れ

■「更新フォーム」に表示させるデータを取り出す

「更新フォーム」を表示させる関数「update_it」は、アドレスに引数「id」を含む動的ルーティングをもちます。

「id」の値でデータを1件取り出すところは、実は詳細を表示させる関数「show_detail」とまったく同じです。

リスト6-10　関数「update_it」。まずデータを１件取り出すところまで

```
@get('/blist/update/<id>')
def update_it(id):
    con = sqlite3.connect('bottles.db')
    cur = con.cursor()
    btl=select_by_id(cur, id)
    con.close()
```

このあと、テンプレートはフォームになります。

フォームの送信先はもちろん自分自身でもいいのですが、今回は送信先のアドレスを「'updated/<id>'」にして、この「id」のデータが更新されたということがアドレスで明確に示されるようにしたいと思います。

フォームのテンプレートを作るまでは、**リスト5-14**の関数「new」とよく似ています。送信先のアドレスが違うだけです。

リスト6-11　関数「update_it」でフォームのテンプレート文字列を作るまで

```
    tplt = """
    <h1>データid{{btl[0]}}のアップデート</h1>
    <form action ='/blist/updated/{{btl[0]}}' method = 'POST'>
    %s
    </form>
    <hr>
    <p><a href='/blist'>一覧に戻る</a></p>
    """ % form_template()
```

しかし、これでは、フォームにこれまでのデータを表示することはできません。
新規作成と同じ「空《カラ》のテキストボックス」が表示されてしまいます。

＊

そこで、**次項**で、「フォームに初期値を与えたり与えなかったりする工夫」をします。

■フォームのテンプレートを変更

フォームのテンプレートを与える関数「form_template」は、**リスト5-13**ですでに書いていますが、その「テキスト・フィールド」を記述している場所に、**リスト6-12の太字の部分**のように記述を加えます。

リスト6-12　関数「form_template」の変更

```
<p><input type='text' id='{{clms[i][0]}}' name='{{clms[i][0]}}'
%if btl:
value='{{btl[i+1]}}'
%end
size='20'></p>
```

リスト6-12は、「if文」を埋め込んだ大胆な書き方です。
「btl」という変数を与えます。
「%」で埋め込んだPythonコードの中では、「btl」に二重括弧{{　}}はつけません。

もし、変数「btl」に値が与えられれば、「value='{{btl[i+1]}}'」という表記がHTML文上に現われるようにします。
これは、1件の行データの「i+1番目」の値です。
「ラベル」と「列名」を表わす「clms」の「i番目」は、「i+1番目」の列に対応するからです。
これが「初期値」です。

与えられなければ、この「if文」の部分はスキップされて、今までの通りになります。
そのために、**リスト5-14**の入力フォームを表示する関数「new」でも、return文にこの変数「btl」を与えないことを明記しておきます。

＊

関数の最後の最後の部分に、引数「btl」を値「None」で追加します。

リスト6-13　入力フォームを表示する関数「new」のreturn文

```
return template(tplt, clms=CLMS, btl = None)
```

■「更新フォーム」のテンプレートを完成

関数「form_template」を「更新フォーム」にも使えるようになったので、フォームを送信する関数「update_it」を完成させます。

＊

送信先のアドレスはフォームとは別の「'/blist/updated/{{blt[0]}}'」にしてあります。

すでに**リスト6-10**でデータ「btl」を取得してあるので、**リスト6-10**に続いて**リスト6-14**を書けば完成です。

リスト6-14　関数「update_it」の後半

```
tplt = """
<h1>データid{{btl[0]}}のアップデート</h1>
<form action ='/blist/updated/{{btl[0]}}' method = 'POST'>
%s
</form>
<hr>
<p><a href='/blist'>一覧に戻る</a></p>
""" % form_template()

return template(tplt, clms=CLMS, btl=btl)
```

リスト6-14でのテンプレートの使い方も、**リスト5-14**の関数「new」とよく似ていますが、違いはデータベースから取得した「btl」を引数に渡すところです。
「btl」は見出しの記述にも用いています。

■詳細ページに「更新フォーム」へのリンクを追加

最後に、詳細ページを記述するテンプレート「detail_template」を編集して、「更新フォーム」へのリンクを**リスト6-15**の**太字の部分**のように追加しておきます。

テンプレートに渡される{{btl[0]}}を利用します。

リスト6-15　「更新フォーム」へのリンクを追加

```
tplt ="""
....
<hr>
<p><a href='/blist'>一覧に戻る</a></p>
<p><a href='/blist/update/{{btl[0]}}'>データを更新</a></p>
"""
```

＊

ファイルを保存します。

以下の手順で、「更新フォーム」を出してみましょう。

手　順　「更新フォーム」を出す

[1] 一覧ページ「'/blist'」において、どれかデータを選びます。

[2] そのデータの詳細ページで「データを更新」というリンクをクリックします。

[3] そのデータの初期値がすでに「テキスト・フィールド」に記載されたフォームが現われます。

手順2から**手順3**の流れは、**図6-9**に示す通りです。

これから更新しようとしている、材質の「ガラス」、色の「透明」に注目しておいてください。

まだ、送信先を作っていないので、フォーム上での変更、送信はしません。

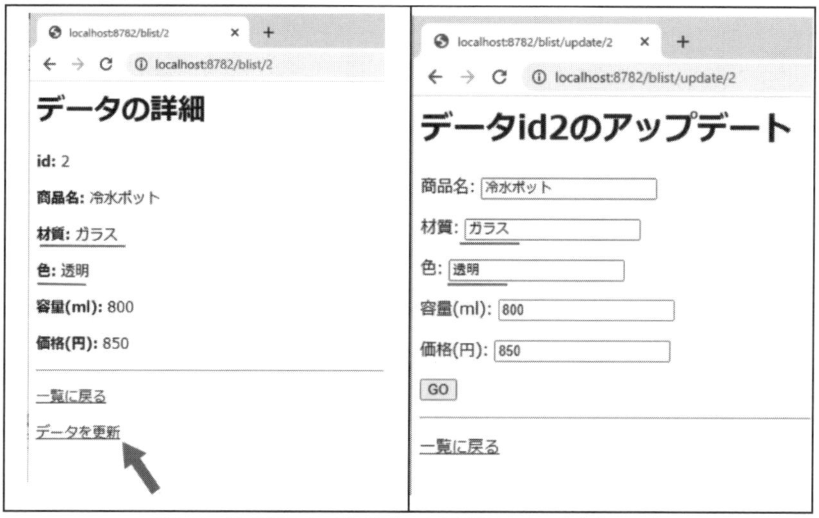

図6-9 (左)詳細ページで「データを更新」のリンクをクリック
(右)初期値の入った「入力フォーム」。
それぞれ、これから更新しようとする「ガラス」「透明」に注目。

■データを受け取ってデータベースを更新

「更新フォーム」からは、更新したものもしないものも、すべてのデータが送信されます。

それらを受け取ってデータベースを更新する作業は、関数「added_new」について**リスト5-16**に記した内容と、一点を除いて同じです。

＊

違いは、データベースに対する関数を「insert」ではなく「update」にすることです。

リスト6-16に示す関数「updated」では、データベースに対する関数「update」を実行して内容をコミットするところまで示しています。

この関数「updated」は、デコレータ「post」で、アドレス「'/blist/updated/<id>'」に動的ルーティングされています。

データベースに対する関数「update」に渡す引数は、フォームの送信パラメータではなく、動的ルーティングのアドレスからきていることに注意してください。

リスト6-16　関数「updated」でフォームのパラメータを取得してデータを更新する

```
@post('/blist/updated/<id>')
def updated(id):
    #id以外のパラメータ取得
    name=request.forms.getunicode('name')
    material=request.forms.getunicode('material')
    color=request.forms.getunicode('color')
    ml=request.forms.get('ml')
    price=request.forms.get('price')

    #データベース作業
    con = sqlite3.connect('bottles.db')
    cur = con.cursor()
    update(cur, id, name, material, color, ml, price)
    #idは動的ルーティング
    con.commit()
```

■更新された１件のデータを確認

続いて、今関数「update」で更新したデータを確認するために、データベースから読み出します。

＊

更新の場合、新規作成したデータより都合がいいのは、「id」が分かっているのでこれを指定して1件だけを読み出せばよいところです。

新規作成のデータでは、「id」の値は自動で作っていたので、念のため全部読み出して、最後の行を取り出していました。
しかし、更新ならば、「id」の値は確実です。

そこで、**リスト6-17**のようにデータベースに対する関数「select_by_id」を用います。

リスト6-17　今更新したデータを読み出す

```
btl = select_by_id(cur, id)
con.close() #接続解除
```

あとは、**リスト6-18**のように関数「detail_template」で作られるテンプレートを用いて、更新報告をします。

リスト6-18　更新されたデータを報告

```
    tplt = """
    <h1>データを更新しました</h1>
    """ + detail_template()

    return template(tplt, clms=CLMS, btl=btl)
```

リスト6-16に**リスト6-17**、さらに**リスト6-18**を続ければ、関数「updated」が完成し、データの更新ができるようになります。

＊

図6-9のフォームを読み直して、「材質」の値を「アクリル」、「色」の値を「青」に変更し、「Goボタン」を押して送信します。

＊

図6-10の左に示す通りです。

こうして、**図6-10**の右のように、更新確認を報告するページが出たら成功です。

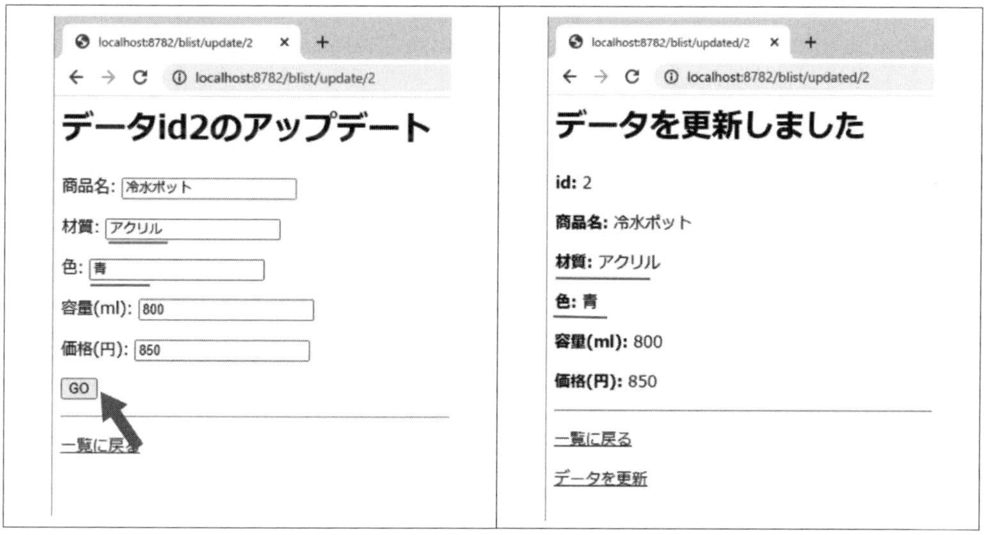

図6-10　「更新フォーム」でデータを更新して送信、確認画面を得る

■データの更新機能まとめ

以上、データを更新するために追加した関数は、以下の通りです。

■追加した関数

関数名	機　能	ルーティング先(http://localhost:8782)
update_it	ルーティングされたidによるデータの更新フォーム	/blist/update/<id>(GET)
updated	送信されたデータで指定idのデータを更新、更新成功を報告	/blist/updated/<id>(POST)
update	テーブル上の指定idの行データを更新	なし

これらの関数の「bottlelist.py」上での位置は、以下で「**太字**」に記したとおりです。

```
import sqlite3
from bottle import post, get, request, route, run

###ページを表示させる関数
init
```

```
get_list
show_details
new
added_new
update_it
updated

###テンプレート関係
CLMS
form_template
detail_template

###データベース操作
insert
select_all
select_by_id
update


run(host='localhost', port=8782, reloader=True)
```

*

また、変更した関数は以下の通りです。

■変更した関数

関数名	変更内容
form_template	変数btlを含むif文を埋め込む
detail_template	'blist/update/<id>'へのリンクを追加
new	テンプレートに　btl=Noneを明示的に渡す

6-4 データ削除

最後に、データを削除するページを作り、「データベース・アプリケーション」を完成させましょう。

これで自由自在にデータを操作し、かつその中身を確認できるようになります。

■データを削除する流れ

データの削除も、詳細ページから始めますが、フォームではなくリンクで、動的ルーティングにより「id」を渡しながら作業を進めます。

手　順　データを削除する

[1] 詳細ページで「データを削除」のリンクをクリックします。

[2] その「id」のデータを本当に削除するか、更新だけするか、何もせず一覧に戻るかをリンクで示します。

[3] 「永遠に削除する」のリンクから「id」を受け取ってデータを削除します。
削除後、表示するのは一覧へのリンクだけになります。

流れは**図6-11**に示すとおりです。

詳細ページですでに内容は表示してあるので、削除に関する表示は非常に簡単です。

(1)「id」が３の詳細ページから「データの削除」リンク

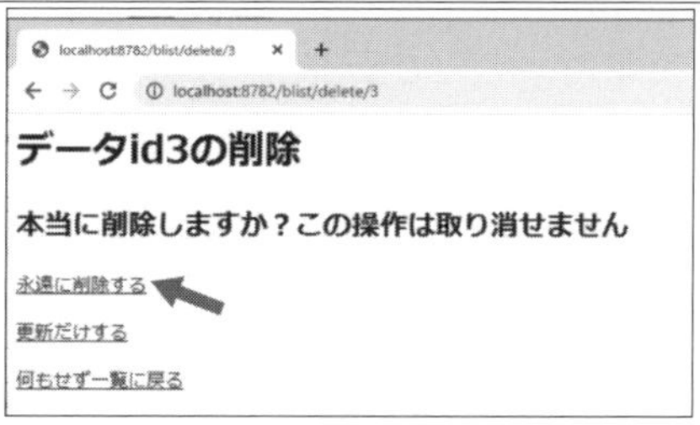

(2)「永遠に削除する」のリンクで本当に削除する。
「更新だけする」「何もせず一覧に戻る」という逃げ道リンクも示す。

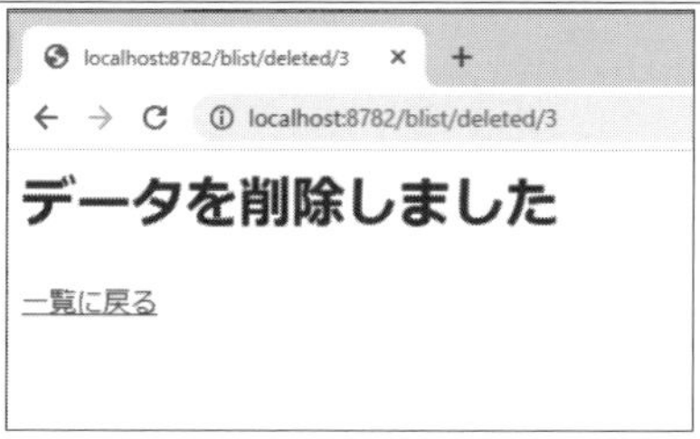

(3)削除したところ。
一覧に戻るだけ。

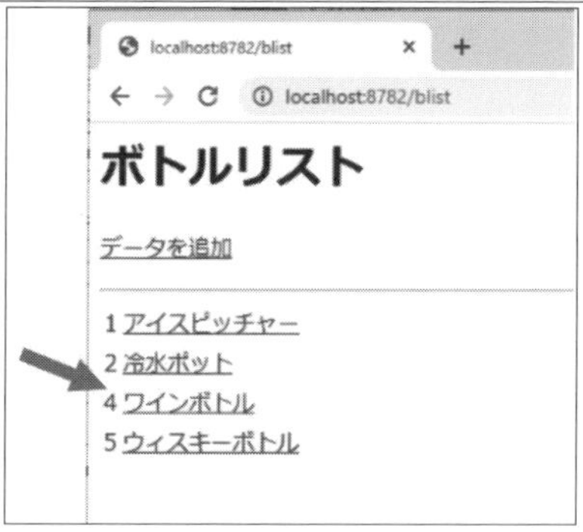

(4)戻ってみると、「id」が３のデータがなくなっている

図6-11　データ削除の流れ

■データを削除する関数

データベースのデータを削除する「SQL文」を実行する関数「delete」を**リスト6-19**のように作ります。

リスト6-19　データを実際に削除する関数「delete」

```
def delete(cur, id):
    delete_str = 'DELETE FROM bottles where id=? '
    cur.execute(delete_str, id)
```

■データ削除ページへのリンク

データを削除するページのリンクを、関数「delete_template」で作るテンプレート文字列に加えます。

リスト6-15につづいて、**リスト6-20**に示す太字の部分を追加して、3つのリンクが揃います。

リスト6-20　「削除ページ」へのリンクを追加。3つのリンクが出揃う

```
    tplt ="""
    ....
    <hr>
    <p><a href='/blist'>一覧に戻る</a></p>
    <p><a href='/blist/update/{{btl[0]}}'>データを更新</a></p>
    <p><a href='/blist/delete/{{btl[0]}}'>データを削除</a></p>
    """
```

リスト6-20に示すとおり、「データを削除」のリンク先のアドレスは「'/blist/delete/<id>'」となります。

このアドレスで動的にルーティングされる関数「delete_it」を**リスト6-21**のように定義します。

リスト6-21　「削除を確認するページ」を記述する関数「delete_it」

```
@route('/blist/delete/<id>')
def delete_it(id):
    #最終確認と逃げ道の提示
    tplt = """
    <h1>データid{{id}}の削除</h1>
    <h2>本当に削除しますか？この操作は取り消せません</h2>
    <p><a href='/blist/deleted/{{id}}'>永遠に削除する</a></p>
    <p><a href='/blist/update/{{id}}'>更新だけする</a></p>
    <p><a href='/blist'>何もせず一覧に戻る</a></p>
    """
    return template(tplt, id=id)
```

リスト6-20のリンクをきっかけにデータが削除されてしまっては危なすぎるので、「'/blist/delete/<id>'」で表示するのはまだ、「本当に削除しますか？」と確認するだけのページにします。

＊

その中で、「永遠に削除する」というリンクをクリックしたとき、「'/blist/deleted/<id>'」動的ルーティングにより「id」を渡しつつ、本当に削除するページを記述する関数「deleted」を**リスト6-22**のように書きます。

フォームで渡すのではありませんから、デコレータを「post」にする必要はありません。

リスト6-22　データを削除し、一覧に導く関数「deleted」

```
@route('/blist/deleted/<id>')
def delated(id):
    #データベースに接続してデータを削除
    con = sqlite3.connect('bottles.db')
    cur = con.cursor()
    delete(cur, id)
    con.commit()
    con.close()

    #見せるものは何もない
    htmlstr = """
    <h1>データを削除しました</h1>
    <p><a href='/blist'>一覧に戻る</a></p>
    """
    return htmlstr
```

また、**リスト6-22**では、一覧へのリンクを示すだけなので、変数を渡す必要がなく、テンプレートではなく文字列「htmlstr」を返します。

■データ削除機能のまとめ

データを削除するために追加した関数は以下のとおりです。

これらを追加するプログラム上の位置は、**次節**に示す「プログラム全文」で確認できます。

■追加した関数

関数名	機　能	ルーティング先 (http://localhost:8782)
delete_it	データ削除の確認。 動的ルーティングで渡されたidを用いて、データの削除、更新、また一覧に戻るリンクを表示。	/blist/delete/<id>
deleted	動的ルーティングで渡されたidを用いてデータを削除、一覧'/blist'に導く。	/blist/deleted/<id>
delete	データをテーブルから削除。	なし

＊

また、変更した関数は以下のとおりです。

■変更した関数

関数名	変更内容
detail_template	'blist/delete/<id>'へのリンクを追加

ファイルを保存したら、いずれかのデータを削除してみてください。

また、データを削除しないで「更新フォーム」へ行く道、一覧に戻る道も正しくリンクできているか確認してください。

6-5 「Bottle」による「データベース・アプリケーション」のまとめ

第5章から続いた「Bottle」による「データベース・アプリケーション」、「bottlelist.py」の全文を示します。

＊

長いですが、いろいろなフォルダやファイルを取っ替え引っ替え眺める必要がなく、上から下に順番に眺めていけばいいのですから、楽ではないでしょうか。

■ファイルの全文

以下に、**第5章**から作ってきたファイル「bottlelist.py」の全文を示します。

「bottlelist.py」全文

```
import sqlite3
from bottle import post, get, request, route, run, template

###データベース作成と確認、最初のみ###
@route('/blist/init')
def init():
    #念のためテーブルがあったら削除
    drop_tb = 'DROP TABLE IF EXISTS bottles'

    #テーブル作成の文はここでしか使わない
    create_tb = 'CREATE TABLE bottles('+¥
'id INTEGER PRIMARY KEY AUTOINCREMENT, name TEXT NOT NULL, '+¥
'material TEXT NOT NULL, color TEXT NOT NULL, '+¥
'ml INTEGER NOT NULL , price INTEGER NOT NULL)'

    #接続
    con = sqlite3.connect('bottles.db')
    #カーソル取得
    cur = con.cursor()

    cur.execute(drop_tb)
```

```
    cur.execute(create_tb)

    #作成した関数insertを使用
    insert(cur, 'アイスピッチャー', 'ガラス', '透明', 2000, 1200)

    #まとめてコミット
    con.commit()

    #作成した関数select_allを使用
    blist =select_all(cur)

    #接続解除
    con.close()

    #成功したらテンプレート作成
    if len(blist) > 0 :
        result = """
            <p>テーブルbottlesを作成しました</p>
            <p>
            %for cell in blist[-1]:
            {{cell}},
            %end
            </p>
            """
        return template(result, blist=blist)

    #失敗したら
    return ('初期化操作失敗')

###ルーティングのある関数###

##一覧##
@route('/blist')
def get_list():

    #データベース接続・カーソル取得・データ取得・解除
    con = sqlite3.connect('bottles.db')
    cur = con.cursor()
    blist = select_all(cur)
    con.close()

    #テンプレート作成
    tplt = """
    <h1>ボトルリスト</h1>
    <p><a href='/blist/new'>データを追加</a></p>
    <hr>
    <table>
    %for b in blist:
        <tr>
            <td>{{b[0]}}</td>
            <td><a href='/blist/{{b[0]}}'>{{b[1]}}</a></td>
```

```
        </tr>
    %end
    </table>
    """
    return template(tplt, blist=blist)

##詳細##
@route('/blist/<id>')
def show_detal(id):
    #データベース接続・カーソル取得・データ取得・解除
    con = sqlite3.connect('bottles.db')
    cur = con.cursor()
    btl = select_by_id(cur, id)
    con.close()

    #テンプレート作成
    tplt = """
    <h1>データの詳細</h1>
    """ + detail_template() #テンプレート作成関数を使う

    return template(tplt, clms=CLMS, btl=btl) #CLMSはグローバル

##新規作成##
@get('/blist/new')
def new():
    #テンプレート作成
    tplt = """
    <h1>データの新規作成</h1>
    <form action ='/blist/new' method = 'POST'>
    %s
    </form>
    <hr>
    <p><a href='/blist'>一覧に戻る</a></p>
    """ % form_template() #Pythonの文字列埋め込み

    return template(tplt, clms=CLMS, btl=None)

@post('/blist/new')
def added_new():
    #フォームのパラメータ取得
    name=request.forms.getunicode('name')
    material=request.forms.getunicode('material')
    color=request.forms.getunicode('color')
    ml=request.forms.get('ml')
    price=request.forms.get('price')

    #データベース接続・カーソル取得・
    #操作・データ取得・結合解除
    con = sqlite3.connect('bottles.db')
    cur = con.cursor()
    insert(cur, name, material, color, ml, price)
```

```
    con.commit() #毎回コミット

    #一番最後の行がほしいのだが
    #全部読み込んで、Pythonのスライシングで最後を取り出す
    blist = select_all(cur)
    con.close() #接続解除

    #テンプレート作成
    tplt = """
    <h1>データを保存しました</h1>
    """+detail_template()

    return template(tplt, clms=CLMS, btl=blist[-1])

##更新##
@get('/blist/update/<id>')
def update_it(id):
    #データベース接続・カーソル取得・
    #操作・データ取得・結合解除
    con = sqlite3.connect('bottles.db')
    cur = con.cursor()
    btl=select_by_id(cur, id)
    con.close()

    #テンプレート作成
    tplt = """
    <h1>データid{{btl[0]}}のアップデート</h1>
    <form action ='/blist/updated/{{btl[0]}}' method = 'POST'>
    %s
    </form>
    <hr>
    <p><a href='/blist'>一覧に戻る</a></p>
    """ % form_template() #Pythonの文字列埋め込み

    return template(tplt, clms=CLMS, btl=btl)

@post('/blist/updated/<id>')
def updated(id):
    #フォームのパラメータ取得
    name=request.forms.getunicode('name')
    material=request.forms.getunicode('material')
    color=request.forms.getunicode('color')
    ml=request.forms.get('ml')
    price=request.forms.get('price')

    #データベース接続・カーソル取得・
    #操作・データ取得・結合解除
    con = sqlite3.connect('bottles.db')
    cur = con.cursor()
    update(cur, id, name, material, color, ml, price)
    con.commit()
```

```
    btl = select_by_id(cur, id)
    con.close()

    tplt = """
    <h1>データを更新しました</h1>
    """ + detail_template()

    return template(tplt, clms=CLMS, btl=btl)

##削除##
#最終確認と逃げ道の提示
@route('/blist/delete/<id>')
def delete_it(id):

    #テンプレート作成
    tplt = """
    <h1>データid{{id}}の削除</h1>
    <h2>本当に削除しますか?この操作は取り消せません</h2>
    <p><a href='/blist/deleted/{{id}}'>永遠に削除する</a></p>
    <p><a href='/blist/update/{{id}}'>更新だけする</a></p>
    <p><a href='/blist'>何もせず一覧に戻る</a></p>
    """
    return template(tplt, id=id)

#実際の削除と報告
@route('/blist/deleted/<id>')
def delated(id):
    #データベース接続・カーソル取得・
    #操作・データ取得・結合解除
    con = sqlite3.connect('bottles.db')
    cur = con.cursor()
    delete(cur, id)
    con.commit()
    con.close()

    #見せるものは何もない
    htmlstr = """
    <h1>データを削除しました</h1>
    <p><a href='/blist'>一覧に戻る</a></p>
    """
    return htmlstr


###テンプレート関係####

##テンプレート作成に必要なグローバル
CLMS=[('name', '商品名'), ('material', '材質' ), ('color', '色'),
    ('ml', '容量(ml)'), ('price', '価格(円)')]

##フォーム
def form_template():
```

```
    tplt = """
    %for i in range(len(clms)):
        <p><label for='{{clms[i][0]}}'>{{clms[i][1]}}:</label>
        <input type='text' id='{{clms[i][0]}}' name='{{clms[i][0]}}'
        %if btl:
        value='{{btl[i+1]}}'
        %end
        size='20'></p>
    %end
    <input type='submit' value='GO'>
    """
    return tplt

##詳細
def detail_template():
    tplt= """
    <p><b>id: </b>{{btl[0]}}</p>
    %for i in range(len(clms)):
    <p><b>{{clms[i][1]}}: </b>{{btl[i+1]}}</p>
    %end
    <hr>
    <p><a href='/blist'>一覧に戻る</a></p>
    <p><a href='/blist/update/{{btl[0]}}'>データを更新</a></p>
    <p><a href='/blist/delete/{{btl[0]}}'>データを削除</a></p>
    """
    return tplt


###データベース操作###

##新規作成
def insert(cur, name, material, color, ml, price):
    insert_str = 'INSERT INTO bottles(name, material, color,'+¥
' ml, price) '+¥
'VALUES (?,?,?,?,?)'
    cur.execute(insert_str, (name, material, color, ml, price))

#全選択
def select_all (cur):
    select_str = 'SELECT * FROM bottles'
    cur.execute(select_str)
    return cur.fetchall()

#1件選択
def select_by_id(cur, id):
    select_str = 'SELECT * FROM bottles WHERE id= ?'
    cur.execute(select_str, id)
    return cur.fetchone()

#更新。どれを更新しても結局id以外全部更新する
def update(cur, id, name, material, color, ml, price):
```

```
    upd_str = 'UPDATE bottles SET name=?, material=?, color=?, ' + ¥,
'color=?, ml=?, price=? WHERE id = ?'
    cur.execute(upd_str, (name, material, color, ml, price, id) )

#削除
def delete(cur, id):
    delete_str = 'DELETE FROM bottles where id=? '
    cur.execute(delete_str, id)


#サーバを起動。一番最後になければならない。
run(host='localhost', port=8782, reloader=True)
```

■「RESTful」な「データベース・アプリケーション」

「Bottle」が準拠している規格「WSGI」では、「RESTful」なアプリケーションの作成を目的にしています。

＊

「REST」は、「REpresentational State Transfer」の略です。

今何をやっているのかという「状態」を、「Webアプリケーション」を作る人にも、操作する人にも、ハッキリ分かるようにするための「お作法」のようなもので、「規格」や「仕様」ではありません。

本書執筆時の2021年7月では、まだ「標準化」もされていません。

＊

「ハッキリ分かるようにする」というのは、「URLアドレス」および「関数・メソッド名」のことです。

たとえば、よくショッピングサイトなどで、今見ている商品ページのアドレスが、不明な記号の混じった長いアドレスになっていることがありますね。

そうではなくて、今回作った「Webアプリケーション」のように、

・もっとも基本的なアドレス「'/blist'」では「一覧」

・それに「id」がついたアドレス「'/blist/<id>'」では「詳細」

・新規にデータを作るなら、アドレスに「'new'」をつける

・データを更新するならアドレスに「'update/<id>'」をつける

・データを削除するならアドレスに「'delete/<id>'」をつける

というようにすると、そのページで何をやっているのかが、アドレスを見ただけで、ブラウザでページを見ている人にもよく分かります。

＊

一方、本文中で「GET」とか「POST」とか言っているのは、プログラミング言語の機能ではなく、ブラウザで「リンク」や「ボタン」を押したときに自動的に発信される、「HTTP仕様の命令」です。

新しいHTTPの仕様では、さらに「更新」(PUT)、「削除」(DELETE)という命令もあるのですが、まだ簡単にプログラミングで使い分けられるようになっていません。

「Bottle」でも、「デコレータ」はまだ「get」と「post」だけです。

しかし、「デコレータ」だけで、「フォームを表示させる場合」と「フォームを送信した場合」との動作を分けることができるなど、「REST」を心がける「RESTful」な仕様になっているのです。

＊

おつかれさまでした。

本書での作業はこれで終わりです。

本書のサンプルをもとに、「ファイル一枚(と「データベース・ファイル」一枚)」でできるアプリケーションを、いろいろな分野で応用してください。

索　引

数字・記号順

アルファベット順

五十音順

[著者略歴]

清水　美樹（しみず・みき）

東京都生まれ。
長年の宮城県仙台市での生活を経て、現在東京都在住。
東北大学大学院工学研究科博士課程修了。工学博士。
同学研究助手を5年間務める。
当時の専門は微粒子・コロイドなどの材料科学系で、コンピュータやPyhtonは結婚退職後に、ほぼ独習。毎日が初心者の気持ちで、執筆に励む。

[主な著書]

パッと学ぶ「機械学習」
大人のためのScratch
はじめての「Play Framework」
はじめてのJavaフレームワーク
Javaではじめる「ラムダ式」
はじめてのKotlinプログラミング
はじめてのTypeScript 2
はじめての「Ruby on Rails」5
はじめてのVisual Studio Code
はじめてのAtom エディタ
Swift ではじめるiOSアプリ開発
はじめてのiMovie［改訂版］
はじめてのサクラエディタ
…他多数　　　　　　　（以上、工学社）

質問に関して

本書の内容に関するご質問は、

①返信用の切手を同封した手紙
②往復はがき
③ FAX(03)5269-6031
（ご自宅のFAX番号を明記してください）
④ E-mail　editors@kohgakusha.co.jp

のいずれかで、工学社編集部あてにお願いします。
なお、電話によるお問い合わせはご遠慮ください。

サポートページは下記にあります。

[工学社サイト]
http://www.kohgakusha.co.jp/

I/O BOOKS

Bottle入門

2021年9月25日　初版発行　© 2021

著　者　　清水　美樹
発行人　　星　正明
発行所　　株式会社**工学社**
〒160-0004 東京都新宿区四谷 4-28-20 2F
電話　　(03)5269-2041（代）［営業］
　　　　(03)5269-6041（代）［編集］
振替口座　00150-6-22510

※定価はカバーに表示してあります。

［印刷］シナノ印刷（株）

ISBN978-4-7775-2163-0